AF394902

INVENTAIRE
M 2473

INSTITUT DE FRANCE.

ACADÉMIE DES SCIENCES.

Extrait des *Comptes rendus des séances de l'Académie des Sciences*, tome **XXXIV**, séance du 31 mai 1852.

RAPPORT

Sur un travail de M. Barral, *intitulé :* Premier Mémoire sur les eaux de pluie recueillies à l'Observatoire de Paris.

Commissaires, **MM. Dumas, Boussingault, de Gasparin, Regnault, Arago** rapporteur.

« Les propriétés de l'envelope gazeuse, au milieu de laquelle nous vivons, ont de tout temps excité l'intérêt et fixé l'attention des savants, et même des hommes du monde.

» Les anciens avaient pour la plupart rangé cette enveloppe atmosphérique parmi le petit nombre d'éléments dont ils supposaient tous les corps composés. C'était une grave erreur ; elle n'a été rectifiée qu'à la fin du XVIIe siècle et dans le commencement du XVIIIe ; à cette époque, les expériences de Van Helmont, de Hales, de Mayow, de Bergman, de Schéele et de Lavoisier, conduisirent peu à peu à soupçonner, à reconnaître et à constater que l'air atmosphérique n'est pas un être simple, qu'il se compose principalement du mélange de deux gaz qu'on a appelés *oxygène* et *azote*.

» Depuis, les travaux des chimistes ont eu, pour la plupart, exclusivement pour but de déterminer la proportion de ces deux principes consti-

A.

tuants avec une exactitude supérieure à celle qu'avaient pu obtenir les expérimentateurs du siècle dernier. Ici, viendraient se placer, si nous écrivions une histoire de la science, d'abord les noms de Cavendish, de Davy, de Marty, de Berthollet, comme ayant établi que les proportions d'oxygène et d'azote sont les mêmes à la surface de la terre dans tous les climats ; le nom de Gay-Lussac, qui, étant allé recueillir de l'air dans un ballon aux régions les plus élevées où jamais les hommes fussent parvenus jusqu'alors, y trouva les mêmes proportions d'oxygène et d'azote qu'à la surface de la terre ; puis une seconde fois le nom de ce même Académicien célèbre, lequel, en collaboration avec son illustre ami M. de Humboldt, ajouta notablement à la précision des déterminations de Lavoisier ; puis le nom de M. Despretz qui exécuta en 1822 de nombreuses analyses de l'air et arriva à des résultats très-concordants ; puis enfin, ceux de MM. Dumas, Boussingault et Regnault, lesquels sont parvenus, en opérant sur une plus grande échelle et avec des précautions infinies, à dépasser, ce qui semblait très-difficile, l'exactitude obtenue par leurs prédécesseurs immédiats. À ce point de vue, la question de la composition de l'atmosphère terrestre semble arrivée à son terme ; la postérité aura seulement à rechercher, en prenant pour guide les méthodes que lui auront léguées nos contemporains, si dans la suite des siècles la composition de l'atmosphère reste constante, si les causes qui font graduellement disparaître une portion de l'oxygène, telles que la combustion, la respiration, etc., sont exactement compensées par les causes contraires bien connues qui versent journellement ce gaz dans notre atmosphère en quantité plus ou moins considérable.

» L'atmosphère ne renferme pas seulement de l'oxygène et de l'azote ; elle contient aussi, outre de l'humidité, c'est-à-dire de la vapeur d'eau, une petite proportion variable d'acide carbonique. Nous ne savons à qui l'on doit faire remonter la découverte de ce dernier fait. On peut affirmer seulement que cette découverte importante suivit de très-près celle de l'acide carbonique par Black ; car un Mémoire de cet ingénieux chimiste renferme déjà l'observation que la légère croûte qui se forme sur l'eau de chaux, exposée en plein air, est due à la fixation de l'acide carbonique atmosphérique. Nous n'avons rien à dire ici de la présence de l'hydrogène isolé comme principe constituant nécessaire de l'atmosphère, ce gaz n'ayant été transporté théoriquement dans les hautes régions de l'air que pour expliquer par son inflammation spontanée les traînées lumineuses qu'on appelle des *étoiles filantes* : phénomène dû, comme on le sait aujourd'hui, à des causes cosmiques.

» Tout ce que nous venons de dire est relatif à l'atmosphère en son état de pureté ; mais les vents, les ouragans, les trombes qui agitent si violemment ses couches dans tous les climats ; mais le courant ascendant, effet des inégalités de température, qui transporte journellement dans les plus hautes régions l'air qui primitivement était en contact avec le sol, altèrent souvent cette composition normale et mêlent accidentellement à l'oxygène, à l'azote, à l'acide carbonique, des poussières, des molécules aqueuses, plus ou moins chargées de principes salins, enlevées à l'écume qui se forme près des récifs et des rivages, et qu'on pourrait presque appeler la poussière de l'Océan. C'est là, et non ailleurs, qu'il faut chercher, par exemple, l'origine de ces pluies rougeâtres, dont les savants du xviie siècle, les Wendelin, les Descartes, les Peiresc, les Gassendi, s'occupèrent si minutieusement. Ce n'est que vers le milieu du siècle dernier qu'on commença à sentir la nécessité d'étudier, à l'aide d'observations régulières et suivies, ces variations accidentelles dans l'état de l'atmosphère. On eut d'abord pour but principal de décider jusqu'à quelle distance des points où ces perturbations ont pris leur origine, elles peuvent se propager. L'examen de la pluie, qui en traversant toutes les couches atmosphériques comprises entre le nuage d'où elle se détache et le sol, doit s'imprégner d'une portion au moins des matières qu'elle rencontre ou les entraîner, qu'on nous passe l'expression, à la manière d'un balai, fut le moyen d'investigation qui s'offrit le premier à l'esprit des observateurs. L'auteur du Mémoire que l'Académie a renvoyé à notre examen, donne une analyse détaillée et très-bien faite des travaux entrepris par ses prédécesseurs, dans le sens et à l'aide du moyen que nous venons d'indiquer, et rend à chacun d'eux une loyale et complète justice.

» Le premier nom que nous voyons figurer dans cette introduction historique, est celui du célèbre chimiste suédois, Bergman, lequel eut le mérite de constater dans l'eau de pluie des traces d'acide nitrique, ou d'acide azotique, comme on est convenu d'appeler actuellement ce composé. Puis viennent les noms connus de Brandes, de Zimmermann, de Liebig, et enfin celui de M. Jones, emprunté au dernier volume des *Transactions philosophiques*.

» Le résultat le plus capital, et nous devons le dire, le plus inattendu, du travail de M. Barral, étant la constatation dans les eaux de pluie de tous les mois de l'année, de proportions d'acide nitrique et d'ammoniaque susceptibles d'être parfaitement dosées, nous allons concentrer sur ce point important l'attention de l'Académie. Ce n'est pas que les remarques de l'auteur sur les proportions des chlorures et autres sels que l'on peut supposer dériver de l'eau de mer, ne soient très-dignes d'intérêt; mais, à cet égard, il avait été précédé par les bons travaux de Brandes, de Berzelius, de Liebig et de MM. Chatin, Meyrac, etc., au nombre desquels nous devons citer, d'une manière toute spéciale, le Mémoire de chimie agricole publié par M. Isidore Pierre, professeur à la Faculté de Caen.

» Bergman, comme nous l'avons dit, avait trouvé dans l'eau de pluie des traces, mais seulement des traces d'acide azotique. Brandes entreprit, en 1825, de déterminer, mois par mois, la dose des substances chimiques contenues dans l'eau de pluie tombée près de la saline de Salzuflen, en Allemagne. Il se servait, pour cela, de l'action de onze réactifs, qu'il serait superflu de citer, et à l'aide desquels il crut avoir démontré la présence, dans l'eau de pluie, de chlorure de magnésium, de sulfate de magnésie, de carbonate de magnésie, de chlorure de sodium, de sulfate de chaux, de carbonate de chaux, de carbonate de potasse, d'oxyde de fer, d'oxyde de manganèse, de matières végéto-animales et de traces de sels ammoniacaux, peut-être des nitrates.

» Ajoutons que Liebig a révoqué en doute l'exactitude du résultat annoncé par Brandes en ce qui concerne la potasse, l'oxyde de fer et l'oxyde de manganèse. Ce chimiste éminent, en analysant soixante-dix-sept échantillons d'eau, constata la présence, dans dix-sept de ces échantillons provenant de pluie d'orage, de quantités plus ou moins appréciables d'acide azotique; sur les autres échantillons, au nombre de soixante, il n'en trouva que deux qui renfermassent des traces de cet acide. Plus tard, M. Liebig, laissant de coté tout ce qui concernait l'acide azotique, dirigea plus spécialement son attention sur la présence de l'ammoniaque dans les eaux pluviales, et sur le rôle qu'on pourrait avoir à lui assigner dans les phénomènes agricoles. Celui de l'acide azotique devait être, suivant le célèbre chimiste allemand, entièrement secondaire et même insignifiant. Voici, en effet, comment il s'exprime : « Il est impossible de doser l'acide azotique » contenu dans les eaux de pluie, même dans celles qui proviennent des » orages. »

» M. Henry Ben-Jones, et ce sera notre dernière citation, dit à la fin de son Mémoire, inséré dans les *Transactions philosophiques* pour 1851,

(5)

que des pluies recueillies à Londres, à Kingston dans le Surrey, à Melburg dans le Dorsetshire, et près de Clonakelly dans le comté de Cork, loin de toute ville, renfermaient une quantité d'acide azotique dont l'existence pouvait être rendue évidente par le réactif à l'amidon dans un litre d'eau; mais aucune indication relative à la proportion en poids ou en volume de l'acide en question ne se trouve dans le Mémoire.

» Les choses en étaient à ce point, lorsque M. Barral présenta à l'Académie les résultats de son travail commencé dans le mois de juillet 1851 sur les pluies recueillies, tant sur la plate-forme que dans la cour de l'Observatoire de Paris. Le premier soin dont ce chimiste scrupuleux dut se préoccuper, fut d'instituer un procédé analytique à l'aide duquel il pût avoir la certitude de ne rien perdre de tout ce que renfermaient les eaux dont il voulait déterminer la composition; c'était surtout contre l'évaporation des sels ammoniacaux et de l'acide azotique qu'il fallait se mettre en garde.

» Nous avons examiné avec le plus grand soin les procédés analytiques suivis par M. Barral, et nous devons déclarer qu'ils nous paraissent à l'abri de toute objection. Au reste, M. Barral a soumis sa méthode, nouvelle à plusieurs égards, à une épreuve décisive; il a mêlé à de l'eau distillée des proportions connues d'azotate d'ammoniaque, et les a retrouvées presque mathématiquement, en appliquant à ce mélange artificiel le procédé dont il s'est toujours servi pour analyser les eaux de pluie. Nous ajouterons que M. Barral s'est assuré que les réactifs, qui jouent un rôle essentiel dans ses moyens d'expérimentation, étaient d'une parfaite pureté, et ne pouvaient introduire dans les résultats définitifs rien d'étranger, et particulièrement aucune trace d'azotate d'ammoniaque.

» Le procédé suivi par M. Barral paraîtra peut-être laborieux à ceux qui l'examineront superficiellement; mais ce n'est pas dans cette enceinte qu'on pourrait trouver là un sujet de reproches fondés. La science ne peut s'enrichir de travaux utiles et durables qu'au prix des précautions les plus minutieuses, et sans rien marchander ni sur le temps ni sur la dépense.

» Nous transcrivons ici le tableau dans lequel M. Barral a consigné, mois par mois, le résultat de ses analyses. Il résulte, à la simple vue des nombres contenus dans ce tableau, que l'eau est inégalement chargée de matières azotées dans les divers mois de l'année, et que ces matières, amenées par la pluie sur un hectare, ne sont pas exactement proportionnelles aux quantités d'eau tombées. D'après des appréciations qui pourront être rectifiées dans la suite, l'auteur fixe à 3 kilogrammes le minimum d'azote que les eaux pluviales, qui traversent l'atmosphère de Paris, ont dû répandre

A.

en un an sur un hectare de terrain; ce nombre paraîtra sans doute très-considérable, mais il nous semble parfaitement établi par la discussion détaillée à laquelle l'auteur du Mémoire s'est livré.

Moyennes des matières dosées chaque mois dans les eaux de pluie recueillies dans les deux udomètres de l'Observatoire de Paris pendant le deuxième semestre de 1851, rapportées au mètre cube d'eau de pluie tombée.

MOIS.	AZOTE.	ACIDE azotique.	AMMONIAQUE.	CHLORE.	CHAUX.	MAGNÉSIE.	TOTAUX.
	gr	gr	gr	gr	gr	gr	gr
Juillet..............	4,67	6,01	3,77	3,88	9,02	»	24,80
Août.............	9,44	20,20	4,42	2,89	8,68	»	38,31
Septembre.........	11,95	36,33	3,04	2,39	7,16	»	51,04
Octobre............	4,46	5,82	1,08	1,84	2,43	»	13,29
Novembre...........	4,64	9,99	2,50	2,64	4,26	»	21,51
Décembre..........	15,01	36,21	6,85	0,00	7,36	»	52,54
Moyennes..........	8,36	19,09	3,61	2,27	6,48	2,12	33,57

Moyennes des matières dosées chaque mois dans les eaux de pluie recueillies dans les deux udomètres de l'Observatoire de Paris pendant le deuxième semestre de 1851, rapportées à l'hectare.

MOIS.							
	kil	kil	kil	kil	kil	kil	kil
Juillet..........	3,90	5,03	3,15	3,24	7,54	»	19,71
Août.............	2,18	4,89	1,04	0,69	2,12	»	9,49
Septembre.........	2,94	8,89	0,77	0,59	1,81	»	12,82
Octobre............	2,26	2,81	0,53	0,88	1,15	»	6,13
Novembre...........	1,93	4,26	1,01	1,10	1,78	»	8,91
Décembre..........	2,50	5,95	1,17	0,00	1,23	»	9,11
Totaux pour six mois.	13,71	31,83	7,67	6,50	15,63	4,54	66,17

» M. Barral examine, dans un chapitre à part, quelles sont les proportions relatives de l'azote provenant de l'acide azotique et de l'ammoniaque. Son résultat est que, sur 31 kilogrammes fournis en un an à un hectare de terrain, 9 proviennent de l'ammoniaque et 22 de l'acide azotique. Pour abréger, nous n'analyserons pas plus longuement cette partie du Mémoire, nous nous contenterons de dire que, pour la séparation de l'ammoniaque et de l'acide azotique, l'auteur s'est servi d'un procédé très-ingénieux dont la découverte est due à M. Peligot.

» Avant d'arriver aux conclusions qui doivent terminer ce Rapport, jetons un coup d'œil rapide sur les observations et sur les réclamations de priorité dont les recherches de M. Barral ont été l'objet. Huit jours après la communication du Mémoire de M. Barral, M. Chatin écrivit à l'Académie pour lui demander d'ouvrir un paquet cacheté déposé par lui le 16 février 1852.

» Il ne sera pas superflu de faire remarquer, au moment où les paquets cachetés ont pris tant de faveur que nos archives en seront bientôt encombrées, que ce moyen de s'assurer la priorité au sujet d'une découverte n'est nullement satisfaisant, qu'en thèse générale la priorité appartient incontestablement à celui qui le premier a livré ses observations au public. C'est un principe qu'admettent tous ceux qui font autorité en matière de sciences, comme l'a prouvé une discussion récente provoquée par l'illustre doyen de notre Académie. Ne voit-on pas le danger qu'il y aurait sans cela à transformer en découvertes achevées quelques vagues aperçus donnés sous forme d'aphorismes et sans démonstration, lorsque la démonstration constitue souvent le vrai mérite d'un travail ? Il importe dans l'intérêt des sciences de ne pas décourager les esprits laborieux et sévères, qui ne négligent rien pour imprimer à leurs œuvres le cachet de la certitude.

» Mais revenons à M. Chatin, et remarquons que le fait principal contenu dans le Mémoire de M. Barral, celui sur lequel il a désiré fixer plus spécialement l'attention de l'Académie, consiste dans la présence d'une quantité notable et dosable d'acide nitrique dans les eaux de pluie tombées dans tous les mois de l'année à l'Observatoire de Paris.

» M. Chatin consignait, dans son paquet cacheté déposé au milieu de février 1852, le nom de toutes les substances qu'il avait découvertes dans les eaux pluviales; dans le nombre, aucune citation n'est relative à l'acide azotique. La seule observation de ce chimiste qui ait un rapport éloigné avec celles de M. Barral est rédigée en ces termes dans son pli cacheté :

« Les eaux pluviales se distinguent surtout en ce qu'elles renferment jus-
» qu'à $\frac{1}{2}$ *décigramme* par litre d'une *matière organique azotée* qui peut se
» représenter dans sa composition par un mélange d'ulmate d'ammo-
» niaque et d'acide ulmique. Cette même matière se trouve abondamment
» dans les couches inférieures de l'atmosphère. »

» En laissant à cette observation le mérite qui peut lui appartenir, on conçoit que nous n'ayons pas à nous en occuper plus longtemps ici.

» Le 8 mars 1852, une quinzaine de jours après la présentation du Mémoire de M. Barral, M. Bineau écrivit que depuis le mois de novembre 1851, il s'était livré à l'examen des eaux pluviales recueillies sur l'observatoire de la ville de Lyon et dans les environs. Les résultats communiqués à l'Académie par cet estimable chimiste sont relatifs aux eaux tombées pendant les mois de janvier et février 1852. On y remarque une beaucoup plus grande quantité d'ammoniaque que celle qui résulte de l'ensemble d'une demi-année qu'embrasse le travail de M. Barral. Cette différence n'est pas la seule que l'on trouve entre l'observateur de Lyon et celui de Paris; M. Bineau n'a jamais reconnu, dans les eaux de pluie qu'il a soumises à l'analyse chimique, la présence de l'acide azotique, tandis que, suivant M. Barral, la proportion d'azote qui provient de cet acide surpasse celle de l'ammoniaque. Ainsi, à ce point de vue, les résultats sont si dissemblables, que la Lettre de M. Bineau, dont la date est d'ailleurs postérieure à celle de la présentation du travail de M. Barral, ne saurait être regardée comme une réclamation de priorité. Il y aura seulement lieu à rechercher à quelle cause, dépendante peut-être du procédé d'analyse employé par M. Bineau, il faudra attribuer l'absence d'acide azotique dans les eaux pluviales recueillies au centre de la ville de Lyon.

» Venons maintenant à la Lettre de M. Marchand, reçue le 12 avril 1852, c'est-à-dire sept semaines après la communication faite par M. Barral à l'Académie. Cette Lettre est une réclamation en forme; l'auteur y donne les résultats numériques des analyses qu'il a faites à Fécamp des eaux pluviales et des eaux provenant de la fonte des neiges pendant les mois de mars et août 1850. Parmi ces résultats, on trouve des proportions notables d'azotates.

» M. Marchand, sentant bien que des analyses publiées sept semaines après celles qui avaient été communiquées à l'Académie par M. Barral, ne pouvaient constituer en sa faveur un titre de propriété, cite une Note lue le 13 janvier 1851 à l'Académie de Médecine, et mentionnée dans le Bulletin de cette Société savante. Mais que renferme la Note citée? la phrase que voici :

« Les eaux de pluie, celles des neiges, contiennent généralement des
» traces appréciables de tous les agents minéralisateurs de l'Océan. »

» En bonne logique, nous ne saurions voir dans une assertion aussi vague la preuve que l'auteur avait déjà, à cette époque, constaté par ses expériences que la proportion d'acide azotique contenue dans l'atmosphère était dosable, et supérieure en azote à celle de l'ammoniaque.

» La réclamation de M. Marchand ne nous semble donc pas pouvoir être admise.

» La Lettre que M. Thenard a remise à l'Académie au nom de M. Meyrac, le 17 mai, et le paquet cacheté déposé par cet habile pharmacien, le 17 décembre 1849, contiennent des recherches pleines d'intérêt sur les proportions variables, suivant la direction du vent, de chlorure de sodium que renferment les eaux pluviales recueillies à Dax. Mais il n'y est fait aucune mention, ni de la présence de l'ammoniaque, ni de celle de l'acide azotique ; l'auteur signale seulement une petite proportion de matières organiques dans les eaux qu'il a analysées. L'examen des deux communications du chimiste de Dax n'est donc pas de notre ressort, il sera fait plus convenablement par les Commissaires qui ont été chargés de rendre compte des divers travaux de M. Chatin.

» Ainsi, c'est un fait bien établi, M. Barral a prouvé le premier que la pluie, du moins dans la partie méridionale de Paris, contient une proportion parfaitement dosable d'acide nitrique correspondante à 22 kilogrammes d'azote par hectare. Nous disons *a prouvé*, car l'auteur a toujours marché, dans ses recherches, en s'entourant de toutes les précautions que les procédés les plus délicats de la chimie pouvaient lui fournir. Nous devons ajouter que les expériences ont été discutées avec une extrême réserve ; que M. Barral ne s'est jamais laissé entraîner au delà des limites que les expériences ne permettaient pas de franchir ; qu'en présence d'un résultat tout à fait inattendu, il s'est soigneusement abstenu de frapper les imaginations par des généralisations intempestives, sur lesquelles des travaux ultérieurs serviront à prononcer définitivement ; qu'enfin le Mémoire soumis à notre examen porte sur un sujet très-digne d'intérêt, au point de vue de l'hygiène, de la météorologie, de la physique du globe, de la physique générale ; qu'il a été exécuté dans un très-bon esprit et de manière à faire beaucoup d'honneur à son auteur.

» Nous proposons, en conséquence, à l'Académie de décider que ce Mémoire sera imprimé dans le *Recueil des Savants étrangers*. »

Ces conclusions sont adoptées.

« Notre tâche n'est pas finie ; vos Commissaires ont encore à émettre le vœu que le travail si heureusement commencé par M. Barral soit continué, développé et perfectionné, s'il est possible. Les perfectionnements pourront résulter d'un changement, sinon dans les méthodes, du moins dans la nature des instruments d'analyse. Il faudra aussi substituer aux udomètres actuels des appareils analogues de plus grande dimension et dans lesquels le fer, le zinc, etc., seront remplacés par du platine ou de la porcelaine.

» Les expériences ont porté jusqu'ici sur de la pluie tombée au sud de Paris, il faudra essayer si de la pluie recueillie simultanément au nord ou au centre de la capitale offrira la même composition. Des problèmes d'hygiène de la plus grande importance se rattachent, comme l'auteur du Mémoire l'a fait remarquer, à la solution de cette question

» On devra également se demander quelle est la composition de l'eau pluviale tombée en rase campagne, loin de toute ville populeuse et de toute manufacture? Quand ce problème sera résolu, on pourra décider si l'acide azotique et l'ammoniaque jouent un rôle essentiel et général dans les phénomènes agricoles; si la production de ces composés azotés s'opère dans toutes les régions de l'atmosphère, ou si elle est bornée à des localités particulières. Alors, mais seulement alors, on saura, comme le remarque M. Barral, si dans l'acide azotique atmosphérique réside l'explication des jachères et de ces mots mystérieux si en vogue parmi les cultivateurs : « Il faut que la terre se repose quelquefois. » Alors, mais seulement alors, on trouvera peut-être la cause des nitrifications spontanées et annuelles qu'on observe dans certains terrains et qu'on n'a rattachées jusqu'ici à aucune théorie satisfaisante.

» Quel rôle joue l'électricité dans la production de l'acide azotique atmosphérique? On ne pourra répondre à cette question qu'après avoir analysé séparément la pluie tombée pendant un orage et celle qu'on recueillera dans la même saison ou dans une saison différente lorsque l'atmosphère n'offrira aucune trace visible de décharges électriques. Cette comparaison servira aussi à décider si l'ammoniaque, dont la production serait alors antérieure, ne favoriserait pas par sa présence le jeu des affinités des deux principes constituants de l'air atmosphérique ou la production de l'acide azotique par sa propre combustion.

» On voit par ces considérations, qui pourraient être beaucoup étendues, que le travail commencé et analysé avec une si sage réserve par son auteur, doit conduire, comme nous l'avons déjà dit, à d'importantes conséquences au point de vue de l'hygiène, de l'art agricole, de la météorologie, et même de la physique générale; car l'atmosphère peut être considérée comme un vaste laboratoire dans lequel s'opèrent à la longue des réactions que les savants reproduiraient très-difficilement dans leurs cabinets d'études.

» Nous venons de donner en abrégé le programme des recherches qu'il faudra faire pour compléter et éclaircir les résultats contenus dans le Mémoire soumis à notre examen. Mais, peut-on espérer que de semblables travaux seront exécutés par quelque chimiste isolé, et cela pendant plusieurs années consécutives, avec l'exactitude et la régularité sans lesquelles les expériences et les conclusions, dans le cas actuel, perdraient presque tout leur prix? Nous ne le pensons pas. Des distillations en vases clos, renouvelées presque tous les jours de l'année sous la surveillance continuelle de l'opérateur, des pesées sans nombre, faites avec la plus scrupuleuse exactitude, les dépenses considérables que ces diverses opérations entraîneraient, finiraient par fatiguer le chimiste le plus zélé, s'il n'était assuré par avance d'encouragements provenant d'un corps, toute modestie mise de côté, aussi justement renommé que l'est l'Académie des Sciences. Nous proposerons donc à nos confrères de vouloir bien prendre sous leur puissant patronage la suite du travail dont nous lui avons signalé l'importance.

» Une petite partie des reliquats de compte provenant des prix Montyon non distribués pourrait être affectée à cet objet, qui, sans aucun doute, est virtuellement contenu dans les dispositions testamentaires du savant philanthrope à qui nous devons tant de moyens d'encourager la science.

» Pour prévenir jusqu'au plus léger soupçon d'un abus, toute allocation de fonds, pour minime qu'elle dût être, ne se ferait, avec l'autorisation du Ministre compétent, que sur l'avis de la Commission administrative de l'Académie et d'une Commission de trois Membres nommés tous les ans à cet effet. Cette Commission mixte déciderait aussi quand le travail pourrait être considéré comme arrivé à son terme; toute intervention de l'Académie devant alors cesser. Telle est la proposition sur laquelle la Commission, à l'unanimité, a l'honneur d'appeler le vote éclairé de l'Académie. En vous la présentant, vos Commissaires ont pensé que l'Académie ne saurait en ce moment faire un meilleur usage d'une partie des ressources dont elle dispose, et que sa mission est non-seulement d'accorder son suffrage, toujours si envié, aux Mémoires qui renferment des découvertes et des vérités utiles, mais encore de provoquer et de faciliter des travaux qui, par le temps, la dépense ou la difficulté, dépasseraient les forces et les ressources d'un expérimentateur isolé. »

L'Académie adopte ces conclusions et renvoie, pour ce qui concerne les moyens d'exécution, la proposition à l'examen de la Commission administrative.

PARIS. — IMPRIMERIE DE BACHELIER,
rue du Jardinet, 12.

PREMIER MÉMOIRE

SUR

LES EAUX DE PLUIE,

RECUEILLIES A L'OBSERVATOIRE DE PARIS.

(2ᵉ SEMESTRE 1851.)

EXTRAIT DU TOME XII

DES MÉMOIRES PRÉSENTÉS PAR DIVERS SAVANTS

À L'ACADÉMIE DES SCIENCES.

PARIS. — IMPRIMERIE NATIONALE.

PREMIER MÉMOIRE

SUR LES EAUX DE PLUIE

RECUEILLIES A L'OBSERVATOIRE DE PARIS.

(2ᵉ SEMESTRE 1851.)

§ 1.

HISTORIQUE DES RECHERCHES FAITES JUSQU'À CE JOUR SUR LES EAUX DE PLUIE.

Plusieurs savants se sont occupés de recherches sur les eaux de pluie.

Dans sa dissertation sur l'analyse des eaux, Bergman pose dans des termes que l'on peut encore accepter de nos jours le problème que de pareilles recherches devraient, selon nous, avoir pour but de résoudre. « Il ne faut pas s'étonner, dit-il[1], si l'eau qui coule à la surface de la terre n'est jamais absolument pure : la pluie et la neige elles-mêmes, quoique produites naturellement par les plus subtiles vapeurs et comme distillées d'une manière bien plus parfaite que dans nos laboratoires, avec quelque soin qu'on les recueille, *se trouvent encore altérées différemment suivant les saisons, suivant les climats et autres semblables accidents.* »

Personne ne révoquera en doute la vérité de ce principe; mais

---

[1] *Opuscules chimiques et physiques* de M. T. Bergman, traduits par M. de Morveau, t. III, p. 89; Dijon, 1780, in-4°.

1.

il n'est pas plus possible aujourd'hui que du temps de Bergman de dire comment les climats, les saisons ou telles autres circonstances indéterminées influent sur la nature et la composition des matières dissoutes dans l'eau de pluie.

Relativement aux substances que contiennent les eaux météoriques, le célèbre chimiste suédois s'exprime ainsi[1] :

« *La neige* recèle une très-petite partie de *sel marin calcaire* et donne quelques faibles indices d'*acide nitreux;* lorsqu'elle est récemment fondue, elle est absolument privée d'air et d'acide aérien, qui existent plus ou moins abondamment dans toutes les eaux; ne serait-ce pas ce qui la rend nuisible aux animaux? »

« *L'eau de pluie* est communément altérée par les mêmes matières, mais à plus grande dose. Il est évident qu'elle les trouve suspendues dans l'atmosphère, dont elle balaye en quelque sorte toutes les immondices. C'est pourquoi on ne la recueille jamais pure; elle n'en est que très-peu chargée quand les pluies ou les neiges ont duré pendant plusieurs jours. »

Ainsi du chlorure de calcium et de l'acide azotique, telles étaient les matières que, dans le siècle dernier, l'on admettait exister dans les eaux de la pluie. Mais en quelles proportions se trouvent ces matières? Quelques tentatives ont été faites depuis pour résoudre cette question, ainsi que pour rechercher si d'autres substances ne se rencontraient pas encore dans la pluie.

Dalton[2] a trouvé par l'analyse des eaux de pluie de tempête, tombées au mois de décembre 1822 aux environs de Manchester, c'est-à-dire à quelque distance de la mer, que ces eaux renfermaient $\frac{1}{7500}$ de chlorure de sodium ou 133 grammes par mètre cube.

Brandes[3] a fait régulièrement, en 1825, des recherches sur

---

[1] *Opuscules chimiques et physiques* de M. T. Bergman, traduits par M. de Morveau, t. III, p. 95; Dijon, 1780, in-4°.

[2] *Edinburgh Journal of sciences,* t. III, p. 176.

[3] *Jahrbuch der Chemie und Physik* von Schweigger, t. XVIII, p. 153; et *Klaproth'sche Versammlung des Apotheker-Vereins zu Herford, 8 sept. 1826.*

les eaux de pluie tombées à Salzuflen. Ce météorologiste a eu
pour but de déterminer *qualitativement* quelles étaient les diverses
substances organiques ou minérales contenues dans chaque eau
tombée, et ensuite de trouver quel poids leur ensemble formait
pour chaque mois.

Pour faire ses déterminations qualitatives, Brandes prenait dans
des verres bien lavés avec de l'eau distillée sur de la potasse jusqu'à ce qu'elle ne donnât plus aucun trouble avec l'azotate d'argent, une demi-once (15 grammes environ) d'eau de pluie, et y
ajoutait 5 gouttes de l'un de ses réactifs toujours amenés au même
point de concentration. Ces divers réactifs étaient au nombre de
onze, savoir : chlorure d'or, chlorure de platine, azotate d'argent,
sulfhydrate d'ammoniaque, oxalate d'ammoniaque, dissolution de
potasse caustique, phosphate d'ammoniaque, azotate de baryte,
azotate de plomb, eau de chaux, prussiate de potasse.

Comme exemple des détails donnés par Brandes sur ses observations faites pour chaque pluie, nous citerons ce qui concerne la pluie du 1ᵉʳ janvier 1825. Voici la traduction de ses
paroles :

« Janvier 1. Pluie de brouillard. Elle était à chaque instant
troublée et rendue blanchâtre par des flocons grenus, et avait
une odeur moite. Le chlorure d'or produisit une coloration verdâtre, qui disparut par la potasse caustique. Le chlorure de platine donna un précipité blanc comme neige et d'apparence lai-
neuse. L'azotate d'argent, après quelques heures, donna une
coloration d'un rouge vineux très-net, et après 12 heures se mon-
trèrent un grand nombre de pellicules qui présentaient l'aspect
de l'*ulva purpurea*, et qui par l'agitation se changèrent en flocons
très-déliés, après quoi la liqueur prit une teinte rosacée. Dans
cette pluie, il fut mis en évidence, par les réactifs, une quantité
prédominante de *pyrrhine*, du chlorure de sodium, beaucoup de
sulfate de chaux et un peu de carbonate. La pluie de la nuit de
cette journée ne fut pas trouble ; elle présenta beaucoup de flocons
très-filamenteux, ayant une odeur moite. Elle contenait moins de

pyrrhine, plus de carbonate et chlorhydrate de soude, et moins de sulfate de chaux que la précédente. »

On comprend que des observations de cet ordre, qui n'indiquent que du *plus* ou du *moins* dans chaque pluie, sans tenir compte de l'abondance de l'eau tombée, ne peuvent avoir que très-peu d'intérêt. Dans tous les cas, Brandes tire de ses recherches qualitatives les conclusions suivantes, qui, selon lui, caractérisent l'eau de pluie :

« Lorsque nous considérons, dit-il, l'ensemble que donnent les essais précédents, nous croyons que le plus souvent les eaux de pluie diffèrent les unes des autres. Dans son aspect, l'eau de pluie est claire, transparente, ou plus ou moins troublée et rendue opaline par une matière organique tenue en suspension, qui paraît tantôt pulvérulente (poussière météorique), tantôt floconneuse, filamenteuse, feutrée et membraneuse.

« Le *trouble* de la pluie est en général blanc, rarement rouge, brun, verdâtre. De temps en temps, toute la masse de l'eau présente une coloration brunâtre et laiteuse.

« L'*odeur* de l'eau de pluie n'est pas en général sensible ; cependant, de temps en temps, elle est fade, moite, désagréable, marécageuse, et, au printemps, elle devient plus souvent balsamique et rappelle celle des fleurs ou des prairies ; plus tard, elle se rapproche de celle des betteraves, des genevièvres, de matières en putréfaction ; puis, en hiver et en automne, de celle du chlore, de fucus brûlés et aussi d'acide prussique.

« Sa *saveur* n'est pas en général sensible ; cependant elle est fraîche, moite, marécageuse, putride, aromatique, douce, piquante, semblable à celle des amandes amères.

« L'eau de pluie n'est presque jamais pure ; elle contient des matières organiques et des sels. Quant à ce qui concerne la dose des sels, cette remarque générale suffit, à savoir que cette dose est plus grande en hiver et en automne et plus faible en été, que très-rarement les sels manquent tout à fait, de telle sorte que de l'eau de pluie d'une pureté absolue serait un cas extraordinaire. »

Brandes a toutefois essayé de doser quantitativement, mois par mois, l'ensemble de toutes les matières organiques ou salines contenues dans les eaux de pluie. Pour cela il évaporait, dans une capsule de platine chauffée par une lampe à alcool, trente onces (612 grammes) du mélange de toutes les eaux tombées en un mois, et il pesait le résidu sec. Il a obtenu les résultats suivants :

Mois.	Poids des résidus secs pour 1 mètre cube (1,000,000 de parties).
Janvier	6^g,5
Février	3, 5
Mars	2, 1
Avril	1, 4
Mai	0, 8
Juin	1, 1
Juillet	1, 6
Août	2, 8
Septembre	2, 1
Octobre	3, 1
Novembre	2, 7
Décembre	3, 5
Total	31, 2
Moyenne mensuelle	2, 6

La masse saline totale que recueillit Brandes par l'évaporisation de 12 fois 30 onces d'eau (7^k,344) ne s'élevait pas au delà de 275 grains (505 milligrammes). Il est évident que sur une aussi petite quantité de matière il était difficile de faire une analyse quantitative bien exacte. Aussi Brandes ne l'a-t-il pas tenté, et il s'est contenté encore d'essais qualitatifs. Il conclut de ces essais que le résidu salin total provenant de toutes ses évaporations mensuelles contenait, en 1825, selon ses propres expressions :

« De la résine;

« De la *pyrrhine*, matière végéto-animale;

« Du mucus;

« Du chlorure de magnésium;

« Du sulfate de magnésie;

« Du carbonate de magnésie;

« Du chlorure de sodium;

« Du sulfate de chaux;

« Du carbonate de chaux;

« Du carbonate de potasse;

« De l'oxyde de fer;

« De l'oxyde de manganèse;

« Des sels ammoniacaux (nitrate?). »

Brandes calcule ensuite que, d'après la quantité d'eau tombée en 1825, quantité s'élevant à 6,373 mètres cubes par hectare ($637^{mill.}$,3 en hauteur), les eaux de pluie ont déversé sur Salzuflen 16^k,770 de sels divers.

Mais ces chiffres ne sauraient, selon nous, être regardés comme pouvant fournir un renseignement météorologique de quelque valeur. En effet, aucune précaution n'était prise par Brandes pour retenir les sels volatils, comme par exemple les sels ammoniacaux, et rien ne prouve qu'il s'était arrangé de manière à éviter efficacement l'introduction de matières étrangères accidentelles dans les eaux qu'il évaporait à l'air libre.

Cette critique paraîtra complétement légitime, si l'on remarque que Brandes n'est pas certain de l'existence du nitrate d'ammoniaque et qu'il signale beaucoup de matières, telles que les oxydes de fer et de manganèse et le chlorure de potassium, dont la présence dans les eaux de pluie a été révoquée en doute par M. Liebig.

La matière organique dont il s'agit dans le mémoire de Brandes, et qui est caractérisée par la propriété de donner avec l'azotate d'argent une coloration rouge sous l'action de la lumière, avait été signalée antérieurement par Zimmermann dans des recherches publiées par extrait à la fin de 1824 [1]. Zimmermann lui donna le nom de *pyrrhine*. Hermbstädt remarqua cette substance dans l'eau de la mer Baltique recueillie près de Doberau. Krüger observa que l'air de la mer à Rostock donnait la même coloration aux sels d'argent. Brandes rapporte qu'en 1821 il eut l'occasion de constater que l'air de la saline de Salzuflen agissait de la même manière sur l'azotate d'argent très-étendu. Berzélius, qui a aussi

[1] *Kastner's Archiv*, t. I, p. 257.

remarqué ce phénomène sur les bords de la mer, l'attribue à une matière organique que l'eau saline abandonnerait à l'atmosphère. Dans le mémoire de Brandes dont nous venons de donner une analyse, ce chimiste pense que la matière de Zimmermann ne doit pas être regardée comme définie, mais que c'est un mélange de résine, de mucus et d'une substance végéto-animale.

Les travaux entrepris par Zimmermann à Giessen ont été continués par M. Liebig. Voici comment s'exprime ce savant[1] :

« Depuis deux ans et demi, je m'occupe de l'analyse des eaux de pluie, travail qui a été occasionné par un mémoire relatif aux météores aqueux, de M. Zimmermann, professeur de chimie à Giessen et mon prédécesseur.

« M. Zimmermann croyait avoir trouvé dans les eaux de pluie du manganèse, du fer, de l'acide carbonique, de la chaux, du chlorure de potassium et *point* de chlorure de sodium.

« Le but de mes recherches était de démontrer que le chlorure de potassium, le fer et le manganèse n'existent pas dans l'eau de pluie. En deux ans, j'ai analysé 77 résidus par l'évaporation d'autant de différentes eaux de pluie, recueillies dans des vases de porcelaine et évaporées à une douce chaleur. Ils contenaient tous du muriate de soude et pas une trace de potasse; le manganèse et le fer manquaient également, si les eaux étaient préalablement filtrées.

« Les eaux contenaient en même temps des substances organiques, que je cherchai à détruire par la chaleur. En chauffant le résidu obtenu par l'évaporation de 10 livres d'eau d'une pluie d'*orage*, j'observai un léger fusement, et cela me suggéra aussitôt l'idée de rechercher l'acide nitrique dans toutes les eaux de pluie. Parmi mes 77 échantillons d'eau, il y en avait 17 qui provenaient de pluies d'orages; or ces 17 contenaient tous de l'acide nitrique en quantités très-différentes, combiné ou à la chaux ou à l'ammoniaque : parmi les autres, au nombre de 60, je n'en trouvai que deux qui continssent des traces d'acide nitrique.

[1] *Annales de chimie et de physique*, 2ᵉ série, t. XXXV, p. 329 (1827).

« Après la mort de M. Zimmermann, on m'a remis tous ses appareils et de plus 5o. résidus d'eaux de pluie recueillies en 1821, 1822 et 1823; parmi celles-ci, 12 contenaient de l'acide nitrique ou plutôt des nitrates. »

Dans ce premier travail, M. Liebig était préoccupé du rôle que l'acide azotique, produit dans les orages, pouvait jouer dans les différents exemples de nitrification naturelle que l'on connaît à la surface de la terre; plus tard, il a moins insisté sur ce sujet, et toutes ses idées se sont tournées vers la détermination de l'ammoniaque que les eaux de pluie pouvaient renfermer, et vers l'importance d'un pareil fait pour l'agriculture. Ainsi, dans l'Introduction à son Traité de chimie organique[1], il cherche à prouver que l'atmosphère contient assez d'ammoniaque pour fournir à l'alimentation en azote d'un hectare de forêts, de prairies ou d'une récolte quelconque de blé, de betteraves, etc.; il pense que l'ammoniaque atmosphérique est fournie aux plantes par l'eau pluviale, et il ajoute : « Des expériences exécutées avec beaucoup de soin et de précision au laboratoire de Giessen ont mis hors de doute l'existence de l'ammoniaque dans l'eau de pluie; ce corps a échappé jusqu'à présent aux observations, parce que personne n'a songé à s'enquérir de sa présence. L'eau de pluie qui a servi à nos expériences a été recueillie à six cents pas au sud-ouest de Giessen, dans un endroit d'où le vent passait sur la ville. Tout le monde peut s'assurer de la présence de l'ammoniaque dans les eaux pluviales d'une manière très-simple, en évaporant presque à siccité de l'eau de pluie récemment tombée, après y avoir ajouté un peu d'acide sulfurique ou d'acide hydrochlorique. Ces acides, en se combinant avec l'ammoniaque, le privent de sa volatilité; le résidu contient alors du sel ammoniac ou du sulfate d'ammoniaque, que l'on reconnaît à l'aide du bichlorure de platine, et plus facilement encore à l'odeur pénétrante qu'il dégage lorsqu'on y ajoute de l'hydrate de chaux pulvérisé.

« L'ammoniaque se rencontre également dans les eaux de neige.

[1] T. I, p. CII, traduction de M. Charles Gerhardt, 1840.

Plusieurs livres de neige prise au mois de mars, à la surface d'une couche de dix pouces de hauteur environ, ont donné, par l'évaporation avec l'acide hydrochlorique, un résidu de sel ammoniac qui, par l'addition de la chaux, dégageait beaucoup d'ammoniaque; la couche de neige inférieure, qui touchait le sol, en contenait une proportion bien plus grande. Il est remarquable que l'ammoniaque contenue dans les eaux de neige et de pluie présente une odeur fort prononcée de sueur et d'excréments, ce qui dénote clairement son origine. L'eau distillée trouble toujours le sous-acétate de plomb, en raison du carbonate d'ammoniaque qu'elle renferme; ce n'est qu'en ajoutant à l'eau, avant de la distiller, de l'alun ou un acide minéral, qu'on peut l'en priver complétement. »

Non-seulement M. Liebig est ainsi arrivé à penser que, dans l'eau de pluie, l'ammoniaque joue le rôle capital, mais il a même affirmé que l'acide azotique ne devait s'y trouver, au moins dans le centre de l'Europe, qu'en quantité insignifiante. Voici comment il s'exprime à cet égard dans sa *Chimie appliquée à la physiologie végétale et à l'agriculture*[1] : « Il est impossible de doser l'acide nitrique contenu dans l'eau des pluies d'orage; deux ou trois cents livres d'eau de pluie filtrée ne fournissent que quelques grains d'un résidu coloré, où le nitrate ne représente qu'une quantité fractionnaire. » Et plus loin il dit[2] : « On peut admettre qu'en Europe la quantité d'acide nitrique portée sur la terre par les pluies est infiniment petite, et que si l'acide nitrique produit par les éclairs exerce une influence favorable sur la végétation, cet effet ne doit pas être considéré comme provenant d'une source d'azote. La plupart des contrées ne reçoivent par an que 12, beaucoup d'entre elles que 8 pluies d'orage; de sorte qu'il est naturellement impossible de découvrir la présence de l'acide nitrique dans les eaux de rivière et de source. »

Telles étaient les notions un peu vagues que l'on possédait sur

[1] Traduction de M. Gerhardt, p. 321 (1844).
[2] *Ibid.* p. 323.

2.

les matières contenues dans les eaux pluviales, lorsque, dans le courant de 1850, MM. Chatin et Marchand y joignirent, par des communications successives faites à l'Académie des sciences[1], la révélation du fait de la présence presque constante de l'iode et même du brome.

Au mois de mars 1851, du 12 au 19, M. Isidore Pierre, professeur de chimie à la Faculté des sciences de Caen, a recueilli une certaine quantité d'eau de pluie tombée à une distance de la mer évaluée de 30 à 40 kilomètres, dans le but spécial d'y rechercher la dose de sel qui y serait contenue. Voici les détails que ce savant donne sur ses expériences : « Deux grands flacons, lavés et nettoyés avec le plus grand soin, dit-il[2], ont été placés au milieu du jardin de la maison que j'habite, de manière à être à l'abri des éclaboussures et de la chute des corps étrangers qui auraient pu dénaturer d'une manière notable les résultats que je voulais observer. On n'eut rien à redouter de la poussière entraînée par les vents, puisque le temps est resté constamment pluvieux pendant toute la durée de l'expérience.

« Chacun de ces deux flacons étant surmonté d'un entonnoir de verre de 21 centimètres, neuf, bien lavé et bien nettoyé, l'on obtint ainsi un peu plus de 5 litres d'eau prise proportionnellement sur toutes les averses d'eau qui tombèrent. Cette eau devait évidemment représenter la composition moyenne de la couche d'eau tombée sur le sol.

« Cette couche, calculée d'après la quantité d'eau reçue dans les entonnoirs, fut de 78 millimètres pour l'espace de temps pendant lequel on a continué de la recevoir.

« En évaporant avec soin, dans une petite capsule de porcelaine bien propre et pesée d'avance, 5 kilogrammes de cette eau, j'obtins un résidu pesant 123 milligrammes, soit par litre ou par

---

[1] Le premier travail de M. Chatin est mentionné dans le compte rendu de l'Académie des sciences, t. XXXI, p. 280; celui de M. Marchand, même volume, p. 495.

[2] *Annales agronomiques*, t. I, p. 471 (mai 1851).

kilogramme un résidu de 24 milligrammes 6/10 de substances fixes. On a trouvé à l'aide des réactifs ordinaires, dans ces 123 milligrammes de résidu, 17 milligrammes 434 de chlore qui, transformés par le calcul en chlorure de sodium, représentent 28 milligrammes 737 de cette substance, ou 5 milligrammes 3/4 par kilogramme d'eau[1].

« Si l'on admet, ce qui ne doit pas être éloigné de la vérité, que l'état de salure de cette eau représente la moyenne salure de l'année; si l'on admet, en outre, que la quantité d'eau qui tombe annuellement à Caen y forme une couche de 1 mètre, la masse d'eau reçue par un hectare de terre pèserait 1 million de kilogrammes et contiendrait 57 kilogrammes 1/2 de chlorures, c'est-à-dire de quoi fournir à plus de 3 récoltes de betteraves, à plus de 10 récoltes d'avoine, à plus de 25 récoltes de froment, la quantité de chlorures que les analyses de M. Boussingault nous montrent comme l'un des éléments constitutifs de ces récoltes.

« Si, comme les expériences précédentes nous portent à le croire, les eaux de pluie contiennent partout ou presque partout des matières salines en proportion notable, nous retrouvons encore, dans ce mode de restitution, un de ces moyens mystérieux qu'emploie si souvent la Providence pour répandre et renouveler au loin les principes de vie et de fécondité. La même cause que nous accusons sans cesse d'entraîner peu à peu dans les fleuves, et de là dans la mer, une partie des matières solubles essentielles à la fertilité de nos champs, cette même cause les leur ramène périodiquement par une sorte de mouvement de circulation continuel dont les exemples se multiplient chaque jour à nos yeux, à mesure que nous pénétrons plus avant dans l'étude des phénomènes naturels.

« La détermination des principaux éléments de ce résidu offrait trop d'intérêt pour que je ne cherchasse pas à l'effectuer au moins

---

[1] Les nombres que donne M. Pierre correspondent par mètre cube d'eau à 24^g,6 de résidu salin et à 3^g,5 de chlore.

approximativement. Cet examen m'a conduit aux résultats qui vont
suivre :

	Milligr.
Chlorure de sodium...	22,03
———— potassium...	4,80
———— magnésium	1,46
———— calcium	1,10
Sulfate de soude...	4,94
———— potasse...	4,68
———— chaux...	3,66
———— magnésie...	3,22

« Beaucoup de carbonate de chaux, qui se trouvait sans doute
dans l'eau à l'état de bicarbonate soluble, des matières organiques
diverses et des substances dont la nature n'a pas été déterminée.

« Les éléments que nous venons de citer sont précisément de
ceux dont l'analyse chimique a indiqué la présence dans la plupart des eaux courantes et dans les eaux de la mer, avec la différence que les sels de potasse et de chaux y paraissent surtout
proportionnellement plus abondants. La proportion totale de
chaux s'élève à plus de 13 milligrammes, c'est-à-dire à plus de
2 milligrammes 6 par kilogramme [1], et la quantité d'acide sulfurique à plus de 1 milligramme 7 par kilogramme [2]; en d'autres
termes, en nous plaçant dans les conditions que nous admettions
précédemment, 1 hectare de terre recevrait annuellement, par
l'intermédiaire des pluies, plus de 58 kilogrammes 8 de chlorures,
dont au moins 44 de sel marin, plus de 17 kilogrammes d'acide
sulfurique ou plus de 33 kilogrammes de sulfates divers, plus de
26 kilogrammes de chaux, etc. »

Dans ses analyses, faites uniquement sur les eaux d'un seul mois,
M. Isidore Pierre ne s'est occupé de rechercher ni l'ammoniaque,
ni l'acide azotique; la méthode qu'il employait, celle de la simple
évaporation dans une capsule, ne permettait pas d'ailleurs d'obtenir ces deux corps, qui se volatilisent dans de pareilles conditions.

[1] 2ᵍ,6 par mètre cube d'eau de pluie.
[2] 1ᵍ,7 par mètre cube.

Dans un mémoire récemment publié[1] sur l'oxydation de l'ammoniaque dans le corps de l'homme, M. Henry Bence Jones, chirurgien de l'hôpital Saint-Georges à Londres, après avoir rapporté des expériences d'où il résulte qu'après l'ingestion du carbonate, du chlorhydrate et du tartrate d'ammoniaque, ainsi que de l'ammoniaque liquide et de l'urée, on retrouve de l'acide azotique dans les urines, déclare qu'il est probable que cet acide existe en tout temps dans l'air de tous les lieux et joue dans la végétation un rôle non moins important que celui attribué à l'ammoniaque. M. Jones ajoute à son mémoire un appendice dont voici la traduction littérale : « *Sur l'acide azotique de l'eau de pluie.* Durant janvier, en différents jours de pluie, de l'eau pluviale a été recueillie à Londres, et de petites quantités en ont été évaporées avec du carbonate de potasse tout à fait pur; et je trouvai que l'acide azotique y était toujours présent et pouvait être découvert parfaitement dans une pinte d'eau de pluie (6 dixièmes de litre environ) par le réactif à l'amidon.

« De plus, dans de l'eau de pluie recueillie dans le même temps à Kingston dans le Surrey, à Melburgh dans le Dorsetshire à plusieurs milles de toute ville, et près de Clonakilty dans le comté de Cork, lorsque le vent du sud-ouest régnait, je trouvai une quantité évidente d'acide azotique. »

Si diverses recherches ont été effectuées pour accuser la présence, soit de l'acide azotique, soit de l'ammoniaque, dans les eaux de pluie, il n'y en a pas encore eu de publiées relativement aux quantités qui peuvent s'y rencontrer. Par une communication qu'a bien voulu nous faire M. de Gasparin postérieurement à notre travail, nous savons seulement que, dans de l'eau recueillie à Orange par les soins de ce savant agronome, M. Payen pour les eaux de l'année 1845-1846, et M. Wurtz[2] pour les eaux de

---

[1] *Philosophical transactions of the Royal Society of London*, for 1851, part. II, p. 409.

[2] Je dois faire remarquer ici que l'analyse de M. Wurtz est postérieure à la présentation de mon mémoire à l'Académie.

l'année 1850-1851, ont trouvé des quantités d'ammoniaque dont l'azote représente plusieurs kilogrammes tombés par chaque hectare. Ce résultat montre que la dose d'azote fourni aux plantes par la pluie n'est pas négligeable, et est sans doute de même ordre que celle des chlorures et sulfates trouvés par M. Isidore Pierre dans les résultats que nous avons cités précédemment.

De tous les détails historiques dans lesquels nous venons d'entrer, il ressort bien évidemment qu'il est impossible de rien conclure des travaux exécutés sur la question qui nous occupe, relativement aux variations que les saisons ou les climats, selon les expressions de Bergman, peuvent amener dans les matières que la pluie déverse sur le sol. Il reste aussi bien des doutes à éclaircir sur l'existence et sur la quantité de plusieurs matières qui ont été signalées dans la pluie. D'un autre côté, si l'on peut soupçonner aujourd'hui, d'après les recherches effectuées, que les matériaux de la pluie doivent jouer un rôle dans la végétation, il reste complétement à définir leur action et à trouver pour chaque lieu la valeur de l'influence exercée chaque année par ce grand météore sur les récoltes. L'atmosphère est sans doute un vaste laboratoire où des combinaisons se produisent entre les éléments gazéiformes qui y circulent. Les eaux de pluie doivent contenir la plus grande partie de ces combinaisons.

§ II.

OBJET DE CE MÉMOIRE.

Nous avons pensé que si l'on parvenait à doser les matières que chaque eau de pluie ramène sur le sol après avoir en quelque sorte balayé l'atmosphère, on fournirait à la météorologie un élément dont on pourrait tirer parti pour expliquer un grand nombre de faits. Nous avons, en conséquence, résolu de chercher si la chimie ne pourrait pas livrer à la science des résultats numériques qui viendraient prendre place à côté de ceux enregistrés aujourd'hui dans un si grand nombre de localités, par l'observation du baromètre, du thermomètre, de l'hygromètre, de l'udomètre, des girouettes indiquant la direction des vents, etc. Le mémoire que nous soumettons à l'examen de l'Académie démontrera, nous l'espérons, par les résultats que nous a fournis l'étude chimique des eaux recueillies tant sur la terrasse que dans la cour de l'Observatoire de Paris, qu'il est possible de dire avec précision, et mois par mois, les quantités des matières suivantes existantes dans les eaux météoriques :

1° Azote,
2° Acide azotique,
3° Ammoniaque,
4° Chlore,
5° Chaux,
6° Magnésie,

et toutes les autres substances que la continuation de pareils travaux pourra faire découvrir.

Après plusieurs tâtonnements, nous sommes arrivé à nous tracer une méthode que nous croyons propre à mener à la découverte de la vérité. Mais dans une matière aussi délicate, nous avons dû nous défier de nous-même; aussi ne présentons-nous nos premières recherches que comme un premier pas, et nous avons pensé que peut-être nos efforts ne sembleraient pas à l'Académie indignes de conseils qui nous empêcheraient de nous égarer. Si les chimistes et les physiciens voulaient bien nous encourager, fût-ce même par la critique scientifique de nos recherches, à les poursuivre, nous nous croirions suffisamment récompensé.

§ III.

IMPORTANCE DU PROBLÈME À RÉSOUDRE.

Dans ces dernières années, on a vivement agité, parmi les chimistes et les agronomes, la question du rôle de l'atmosphère dans la végétation. Quelle part a l'azote de l'air? quelle part a le sol dans la nutrition des plantes? Est-il vrai que l'agriculteur n'a à s'occuper que de fournir des sels minéraux au sol, comme le soutient un célèbre chimiste allemand? Les sels ammoniacaux, au

contraire, sont-ils le principal élément que les engrais doivent
contenir? Si les plantes prennent de l'azote à l'atmosphère, ce
qui n'est pas douteux pour quelques récoltes, comme l'a prouvé
M. Boussingault, cet azote provient-il de l'ammoniaque contenue
dans l'atmosphère et fournie aux végétaux par l'eau de pluie? Sur
tous ces points, un travail du genre de celui que nous avons entrepris doit jeter le plus grand jour, si du moins on en juge par
les conséquences que l'on a déjà tirées des connaissances très-
imparfaites acquises jusqu'à présent sur ce sujet.

La citation de l'opinion présentée par un habile chimiste,
M. Malaguti, dans des leçons faites récemment sur la chimie agricole, donnera la mesure de la gravité de la question que nous
soulevons.

« Quelle est, dit M. Malaguti[1], l'importance de la vapeur d'eau
dans l'air? Elle est énorme, et peu de mots suffiront pour vous
le prouver.

« Si l'on évapore beaucoup d'eau de pluie, elle laissera un résidu plus ou moins considérable. Ce résidu est en partie formé
de poussières qui voltigent toujours dans l'air et de quelques sels
solubles, parmi lesquels figure le sel marin; on y trouve aussi
des sels ammoniacaux, et spécialement du nitrate d'ammoniaque,
si l'eau examinée est de l'eau d'orage, car la foudre en sillonnant
l'atmosphère y produit de l'acide nitrique et de l'ammoniaque.
La vapeur aqueuse de l'air, en tombant sous forme de pluie, balaye l'espace et entraîne avec elle des matières qui, introduites
dans la terre, exercent une influence heureuse sur la végétation.
En effet, personne ne peut contester aujourd'hui les bons effets
du sel marin et des sels ammoniacaux sur les plantes; mais en
nous plaçant au point de vue de la végétation naturelle, en dehors
tout à fait de l'influence de l'art, nous voyons dans les matières
salines apportées par les pluies sur la terre un des éléments de
l'existence des végétaux.

« Il n'en est point qui ne contienne de l'azote. Ce principe est

[1] *Leçons de chimie agricole*, p. 15 (1848).

aussi indispensable que le carbone, l'oxygène, l'hydrogène. Mais où certaines plantes trouveraient-elles de l'azote, si ce n'est, en partie au moins, dans les sels ammoniacaux que les eaux du ciel apportent sur la terre? Ce que je viens de dire de l'azote est applicable à la soude; dans certaines cendres, on trouve constamment de la soude : la présence immanquable de cette matière prouve qu'elle est un élément de vie et d'existence pour les plantes d'où l'on a tiré ces cendres. Or il peut arriver que l'analyse la plus exacte ne fasse pas découvrir la moindre trace de soude dans le terrain où ces plantes ont végété. D'où viendra donc la soude, si ce n'est de l'atmosphère, où elle se trouve transportée par l'évaporation de la mer, sous forme de sel marin ou muriate de soude?

« La vapeur d'eau atmosphérique, qui par sa condensation se transforme en pluie, sert de véhicule pour introduire dans la terre des matières nécessaires à l'existence des végétaux. »

Beaucoup de chimistes et d'agriculteurs répondront à M. Malaguti qu'il a émis des hypothèses plutôt que des vérités hors de toute contestation. Mais n'est-il pas vrai que si l'on avait des chiffres certains démontrant que les pluies apportent, dans tel pays, tels ou tels éléments en quantités connues, toute espèce de doute cesserait à l'instant même. Ainsi, par exemple, dans les belles recherches de M. Boussingault relatives aux matériaux que divers assolements enlèvent aux engrais et à l'excédant de l'azote contenu dans les récoltes par rapport à celui fourni par les fumiers, un élément important eût été déterminé, si l'on avait eu l'azote apporté par les eaux de pluie. M. Boussingault a terminé son travail en montrant que plusieurs hypothèses pouvaient expliquer le phénomène. « L'azote, a-t-il dit[1], peut entrer directement dans l'organisme des plantes, si leurs parties vertes sont aptes à le fixer; cet élément peut encore être porté dans les végétaux par l'eau toujours aérée qui est aspirée par leurs racines. Enfin, il est

---

[1] *Économie rurale*, t. II ; et *Annales de chimie et de physique*, t. LXIX, p. 366 (1837).

3.

possible, comme le pensent quelques physiciens[1], qu'il existe dans l'air une infiniment petite quantité de vapeurs ammoniacales. » Si un udomètre placé au milieu des champs où se faisaient les expériences capitales de M. Boussingault eût recueilli l'eau des pluies, si cette eau eût été analysée, on aurait pu savoir laquelle de ces trois hypothèses devait être adoptée, et une question encore pendante aujourd'hui serait probablement résolue.

§ IV.

MÉTHODE D'ANALYSE EMPLOYÉE.

Dans une recherche de la nature de celle que nous avons entreprise, alors qu'il s'agit de doser des matières qui sont tellement diluées dans une grande masse d'eau qu'elles ne peuvent devenir perceptibles qu'à l'aide de la concentration, il y a deux écueils à éviter. On doit s'arranger de manière à ne faire aucune perte, et aussi de manière à n'introduire dans la matière à analyser aucune substance étrangère provenant, soit d'accidents, soit des réactifs employés.

Les eaux que nous avons analysées nous ont été remises, avec un soin religieux dont nous lui sommes très-reconnaissant, par M. Charles Mathieu, astronome attaché à l'Observatoire de Paris, telles qu'elles ont été reçues dans les deux udomètres situés dans la cour et sur la plate-forme de cet établissement. Nous n'avons pas cru, avant d'avoir reconnu toutes les difficultés de la question par l'étude préliminaire que nous soumettons aujourd'hui au jugement de l'Académie, devoir solliciter de la bienveillance de M. Arago et du zèle si éclairé de cet illustre savant pour l'avancement des sciences, aucune modification aux udomètres servant de récipient pour les eaux météoriques. Nous avons pensé d'ailleurs que la Commission dont nous demandons à l'Académie la nomination jugera mieux que nous des modifications qui pourraient être faites à ces appareils dans l'intérêt de la science.

Ces udomètres se composent chacun d'une vaste cuvette cir-

[1] Saussure, *Recherches chimiques sur la végétation.*

culaire en fer ayant $0^m,76$ de diamètre et $0^{m.carré},4536$ de surface. Un rebord de $0^m,09$ de hauteur circonscrit les cuvettes, qui au centre présentent une profondeur de $0^m,17$ mesurée à partir du plan supérieur de la circonférence du rebord. Les deux cuvettes ont été recouvertes d'une couche de peinture. Cette couche a complétement disparu de l'udomètre de la plate-forme; elle existe encore en partie sur la cuvette de l'udomètre de la cour. Les eaux tombent par le centre des cuvettes à travers quelques petits trous dans un tuyau en cuivre qui les amène dans un réservoir en zinc pour la plate-forme, dans un réservoir en cuivre pour la cour. C'est de ces réservoirs que l'on tire l'eau pour mesurer les hauteurs qui figurent dans les tableaux météorologiques mensuels publiés par l'Observatoire. L'eau mesurée est ensuite versée dans de grands flacons de verre qui nous sont aussitôt livrés.

Nous avons reçu, durant les 6 mois de juillet à décembre 1851, les eaux de l'udomètre de la plate-forme, durant 5 mois, d'août à décembre 1851, les eaux de l'udomètre de la cour; un accident nous a privé des eaux de la cour tombées en juillet.

Aussitôt que nous recevons les eaux de pluie, nous les filtrons sur des filtres de papier préalablement bien lavés, pour débarrasser les eaux d'un certain nombre d'insectes et d'une assez grande quantité de poussière grisâtre qui y est tenue en suspension et que nous n'avons pas encore dosée. Nous avons pris des mesures pour que ce dosage qualitatif et quantitatif s'effectuât à partir de janvier 1852. Nous en ferons donc mention l'an prochain dans le mémoire que nous soumettrons alors à l'Académie.

Les eaux sont versées, pour effectuer leur concentration, dans une cornue de verre tubulée ayant 4 à 5 litres de capacité. Dans la cornue est mis à l'avance un centimètre cube d'acide sulfurique très-pur et concentré. La cornue est chauffée par un bain d'huile. Les eaux nouvelles sont introduites au fur et à mesure des besoins, à l'aide d'un entonnoir fixé à demeure dans la tubulure de la cornue, entonnoir descendant presque jusqu'au fond et toujours couvert. Il va sans dire que deux opérations distinctes sont menées de front pour les eaux de la cour et pour celles de la plate-forme de l'Observatoire.

La vapeur d'eau est condensée à l'aide d'un courant d'eau froide dans un réfrigérant constitué par un tube de verre entouré d'un manchon. Les eaux condensées tombent, au sortir de ce réfrigérant de verre, dans un flacon de verre bouché, mais mis en communication avec l'atmosphère par un petit tube recourbé ayant une ouverture très-effilée.

Les eaux de condensation, afin de ne rien perdre, soit en acide azotique, soit en iode ou autres matières volatiles non retenues par l'acide sulfurique, sont à leur tour distillées, avec les mêmes précautions, en présence de deux grammes de carbonate de potasse bien pur. Cette dernière précaution ne nous a pas été suggérée immédiatement. Elle est employée rigoureusement à partir du 1er janvier 1852.

Lorsque les eaux de pluie de tout un mois sont ramenées au volume de 1/2 litre à 1 litre, nous arrêtons la concentration. Ce moment arrive plus ou moins rapidement, car nous avons eu à évaporer des eaux dont la quantité était comprise entre 7 litres environ pour le mois de décembre et 34 litres pour le mois de juillet. Les eaux concentrées ont pris une couleur jaune paille. On les sature par une dissolution étendue de bicarbonate de potasse pur. La liqueur saturée est évaporée jusqu'à consistance d'une trentaine de centimètres cubes environ dans une petite cornue de verre chauffée doucement et circulairement. Les vapeurs sont encore condensées comme précédemment et recueillies dans un flacon où l'on a mis 10 centimètres cubes d'acide chlorhydrique pur, afin de retenir quelques traces d'ammoniaque qui s'échapperaient dans le cas où l'on aurait mis un léger excès de bicarbonate de potasse pour la saturation.

Les 30 centimètres cubes restants dans la cornue et qui donnent déjà une cristallisation abondante sont évaporés à sec dans une capsule de platine, à l'aide d'une étuve à eau bouillante. Le résidu salin sec ainsi obtenu est pesé, puis bien pulvérisé. Il pèse de 3 à 4 grammes. Il contient les matières à doser, étendues dans du sulfate de potasse, ce qui est un avantage, car il est facile de les fractionner et d'en prendre des quantités déterminées pour les diverses analyses à effectuer.

Les eaux condensées de la première distillation sont amenées, comme nous l'avons dit, à concentration sur du carbonate de potasse; nous employons les mêmes précautions dans cette opération que dans la première; nous condensons la vapeur produite, et elle forme l'eau distillée que nous employons dans notre laboratoire pour tout ce qui concerne les recherches actuelles.

L'eau condensée provenant de la concentration de la liqueur acide réduite à moins d'un litre, puis saturée par de la potasse, est évaporée avec de l'acide chlorhydrique et du bichlorure de platine; nous obtenons ainsi une petite quantité de chloroplatinate d'ammoniaque, dont le poids nous fournit quelques milligrammes d'azote à ajouter à la quantité déterminée par les dosages effectués sur le résidu salin principal. Ainsi, en résumé, notre procédé analytique est le suivant :

1° On évapore en vase clos et à part toute l'eau d'un mois, soit de la terrasse, soit de la plate-forme, de manière à avoir toujours une vérification des résultats obtenus; cette évaporation, faite avec un seul centimètre cube d'acide sulfurique bouilli, donne une liqueur concentrée A et une liqueur condensée B.

2° La liqueur A, qui a un volume de 500 centimètres cubes à un litre, est neutralisée par une dissolution étendue de bicarbonate de potasse, et alors amenée lentement en vase clos à ne plus avoir que 40 à 50 centimètres cubes, ce qui donne une nouvelle liqueur concentrée A′ et une liqueur condensée C.

3° La liqueur concentrée A′ est ramenée à siccité dans une étuve à eau bouillante, et donne un résidu principal R.

Dans ce résidu R se trouvent presque toutes les matières existantes dans les eaux de pluie, et il forme le sujet de la plupart des recherches analytiques de notre travail.

On y dose l'azote total par la combustion d'une fraction déterminée dans l'oxyde de cuivre, l'azote à l'état d'ammoniaque par

la calcination avec la chaux sodée et le tébrage par la méthode
de M. Péligot; la différence donne l'azote à l'état d'acide azotique.

On dose dans un poids connu de ce résidu R : le chlore, par
une dissolution normale d'azotate d'argent; la chaux, par la pré-
cipitation à l'aide de l'oxalate d'ammoniaque; la magnésie, par la
calcination, avec du carbonate de soude, de la liqueur filtrée ramenée à siccité.

4° La liqueur C, évaporée avec de l'acide chlorhydrique et du
chlorure de platine, puis reprise par de l'alcool éthéré, fournit
quelques traces d'ammoniaque échappées par la concentration de
la liqueur A'.

5° La liqueur B, distillée avec 100 centimètres cubes d'une
dissolution de bicarbonate de potasse, donne quelques traces
d'acide azotique et d'iode échappées à l'évaporation de l'eau pluviale avec de l'acide sulfurique.

§ V.
VÉRIFICATIONS DU PROCÉDÉ ANALYTIQUE EMPLOYÉ.

Afin de connaître le degré de précision présenté par nos recherches, nous avons fait quelques vérifications au double point
de vue de savoir, 1° si nos réactifs ne contiendraient pas quelques-
uns des éléments retrouvés dans les eaux de pluie; et 2° si, ayant
introduit intentionnellement un poids connu de ces éléments dans
de l'eau pure, on obtiendrait, par la méthode précédemment indiquée, les matériaux ajoutés.

Les conséquences les plus importantes à retirer de l'analyse de
l'eau de pluie sont relatives à la dose de l'azote qui y est contenu,
soit à l'état d'ammoniaque, soit à l'état d'acide azotique; c'est sur
ces éléments qu'ont porté particulièrement nos recherches.

L'acide sulfurique concentré que nous employons a été distillé par
nous dans une cornue de verre, et nous avons eu soin de rejeter
la première partie des vapeurs condensées et de ne pas pousser
la distillation jusqu'à ses dernières limites. Cet acide sulfurique
n'exerce aucune action pour décolorer l'indigo ou pour colorer la

dissolution du proto-sulfate de fer dans de l'acide sulfurique étendu de son volume d'eau, et en présence d'une lame de fer décapée.

Le bicarbonate de potasse qui nous sert à saturer nos liqueurs concentrées a été par nous obtenu à l'aide de la calcination du bitartrate de potasse, de la reprise de la matière par l'eau pure, d'un passage d'acide carbonique à travers la liqueur, et de la cristallisation. Nous dissolvons 50 grammes de bicarbonate de potasse dans un litre d'eau pure.

Pour neutraliser 1 centimètre cube de notre acide sulfurique normal, il nous faut 76 centimètres cubes de la dissolution potassique. Ce sont là les seuls matériaux étrangers que nous introduisons dans nos eaux de pluie, et les doses *maxima* que nous en employons. Or, en faisant ainsi du sulfate de potasse, et en en analysant 1 gramme tant par la chaux sodée que par l'oxyde de cuivre, nous n'avons pas obtenu la *moindre trace d'azote*.

D'un autre côté, nous avons pris 140 milligrammes d'azotate d'ammoniaque pur du commerce, et nous les avons dissous dans $5^k,370$ d'eau distillée du commerce; nous avons ajouté à la liqueur 1 centimètre cube d'acide sulfurique normal, nous avons évaporé, comme nous avons dit, jusqu'à consistance de 750 centimètres cubes, et alors nous avons saturé par 65 centimètres cubes de la dissolution potassique. La liqueur neutre, concentrée d'abord jusqu'à 60 centimètres cubes dans une cornue de verre en condensant les vapeurs produites, puis ramenée alors à sec dans une petite capsule de platine chauffée dans une étuve à eau chaude, nous a fourni un résidu salin pesant $3^g,493$. Ce résidu (n° 1), bien pulvérisé, a été soumis à l'analyse.

Dans la même quantité $5^k,370$ de la même eau distillée, nous n'avons pas mis d'azotate d'ammoniaque; mais, sauf cette différence, nous l'avons traitée comme la dernière. Il a fallu 75 centimètres cubes de la dissolution potassique pour la saturation, et nous avons obtenu un résidu sec (n° 2) pesant $3^g,545$.

Une portion de l'azotate d'ammoniaque employé a été soumise à l'analyse. Voici les résultats obtenus :

I. Par la chaux sodée et le saccharate de chaux, deux opérations ont été faites :

D'abord 10 centimètres cubes d'acide sulfurique correspondants à 0ᵍ,175 d'azote exigeaient 910 divisions de la burette pour la neutralisation.

Or, avec 0ᵍ,584 d'azotate d'ammoniaque, il n'en a plus fallu que 355, et pour 0ᵍ,654 de ce même sel, 290 divisions. Le calcul donne alors

	Azote pour 100.
1°	18,27
2°	18,23
Moyenne	18,25

Si l'azotate d'ammoniaque employé avait été pur, il n'eût contenu que 17,50 pour 100 d'azote à l'état d'ammoniaque.

II. Par l'oxyde de cuivre nous avons traité 0ᵍ,246 d'azotate d'ammoniaque, qui nous a fourni 71,5 centimètres cubes d'azote à la température de 12°, le baromètre marquant 758ᵐⁱˡ,2 à 17°,25. On déduit de là une quantité totale d'azote égale à 34,30 pour 100 d'azotate d'ammoniaque.

En conséquence, on déduit de là que l'azotate d'ammoniaque employé contenait pour 140 milligrammes

	Milligr.
Azote à l'état d'ammoniaque	25,6
Azote à l'état d'acide azotique	22,4
Azote total	48,0

Comme on pourrait supposer que la calcination d'un azotate avec de la chaux sodée serait peut-être susceptible de fournir de l'ammoniaque en petite quantité, nous avons pris 1 gramme d'azotate de potasse bien pur que nous avons fait cristalliser trois fois et ensuite dessécher dans une étuve, et nous l'avons traité comme pour une analyse organique. La dissolution d'acide sulfurique a exigé pour la saturation 910 divisions de la burette, nombre exigé directement; nous n'avons donc pu mettre ainsi en évidence aucune trace d'ammoniaque.

Maintenant nous avons soumis à l'analyse le résidu n° 1 provenant du traitement de l'eau contenant les 140 milligrammes d'azotate d'ammoniaque. Voici les résultats obtenus :

1° *Par la chaux sodée.* Nous avons fait deux analyses : dans l'une, avec 0^g,534 de matière, il a fallu 901 divisions de la burette, et dans l'autre, avec 0^g,766 de matière, 890, l'acide seul exigeant 925 divisions de saccharate de chaux; en conséquence, nous avons obtenu les résultats suivants rapportés à 3^g,493 de résidu salin :

Milligr.

Expérience I	29,4
Expérience II	29,2
MOYENNE	29,3

2° *Par l'oxyde de cuivre.* Nous avons fait également deux analyses. Dans l'une nous avons obtenu, avec 0^g,525 de matière employée, 6^{cc},25 d'azote à la température de 15°, le baromètre marquant 746^{mill},1 à 18°; dans l'autre, avec 0^g,733 de matière employée, 9^{cc},25 d'azote à 14°, le baromètre marquant 748^{mill},3 à 17°,5. De ces chiffres nous concluons, en rapportant à 3^g,493 de résidu salin :

Milligr.

Expérience I	47,4
Expérience II	50,5
MOYENNE	48,9

L'eau provenant de la distillation de la liqueur saturée, étant évaporée avec de l'acide chlorhydrique et du chlorure de platine, n'a fourni qu'une trace impondérable de chloroplatinate d'ammoniaque.

Quant à l'eau condensée provenant de la distillation de la masse totale de l'eau, elle formait 4^k,451 et elle a été distillée de nouveau avec 100 centimètres cubes de la dissolution normale de bicarbonate de potasse. Nous avons ainsi obtenu un résidu pesant 5^g,066. Nous en avons dosé deux fois l'azote par la combustion dans l'oxyde de cuivre; ces deux analyses nous ont fourni :

4.

I. Avec 1ᵍ,004 de matière, 2ᶜᶜ,25 d'azote à 10°, le baromètre marquant 762ᵐⁱˡˡ·,7 à 14°,5; ·

II. Avec 2ᵍ,030 de matière, 4ᶜᶜ,5 d'azote à 11°,25, le baromètre marquant 761ᵐⁱˡˡ·,4 à 15°.

De là nous concluons en rapportant au résidu entier :

	Milligr.
Expérience I,	13,47
Expérience II	13,22
Moyenne	13,34

Le résidu salin ne nous donnait d'ailleurs aucune trace d'ammoniaque.

En conséquence, nous trouvons donc dans l'eau distillée où nous avons introduit 140 milligrammes d'azotate d'ammoniaque :

	Milligr.
Azote total	62,2
——— à l'état d'ammoniaque	29,3
——— à l'état d'acide azotique	32,9

Comme nous l'avons dit, nous avons mené parallèlement, avec la même quantité d'eau distillée, une opération identique, mais sans rien ajouter. Le résidu (n° 2) que nous avons obtenu, ayant été soumis à l'analyse, nous a fourni les résultats suivants :

1° *Par la chaux sodique*. Nous avons employé 0ᵍ,258 de matière; il a fallu 735 divisions de la burette, l'acide sulfurique seul exigeant 736 divisions. Nous concluons de cette analyse, en rapportant à la totalité du résidu salin obtenu (3ᵍ,545):

Azote à l'état d'ammoniaque, 3ᵐⁱˡˡ·,1.

L'absence de matière nous a empêché de recommencer cette expérience; mais le résidu salin n'indiquait bien, par les réactifs, que des traces très-faibles d'ammoniaque.

2° *Par l'oxyde de cuivre*. Nous avons fait deux analyses de la manière suivante :

I. Avec 0ᵍ,857 de matière employée, nous avons obtenu 2ᶜᶜ,25 d'azote à 11°,5, le baromètre marquant 762ᵐⁱˡˡ·,7 à 16°.

II. Avec $1^g,066$ de matière employée, nous avons obtenu $2^{cc},25$ d'azote à $11°,5$, le baromètre marquant $760^{mill},5$ à $15°,8$.

De ces analyses, nous concluons les quantités d'azote suivantes, rapportées à tout le résidu salin :

Analyse I	9,5
Analyse II	8,6
MOYENNE	9,1

Les eaux condensées de la distillation étaient complétement pures; nous n'avons rien pu en retirer. Par conséquent, l'expérience faite parallèlement à celle où nous avions introduit 140 milligrammes d'azotate d'ammoniaque nous indique qu'il faut retrancher 9 milligrammes de l'azote total et $3^{mill},1$ de l'azote à l'état d'ammoniaque. Notre procédé d'analyse nous fournit donc :

	Milligr.
Azote total	53,1
—— à l'état d'ammoniaque	26,2
—— à l'état d'acide azotique	26,9

Nous avions introduit, d'après les analyses rapportées plus haut, dans 140 milligrammes d'azotate d'ammoniaque du commerce :

	Milligr.		Milligr.
Azote total	48,0	d'où erreur	5,1
—— à l'état d'ammoniaque	25,6	d'où erreur	0,6
—— à l'état d'acide azotique	22,4	d'où erreur	4,5

On voit donc que nous pouvons répondre de 5 milligrammes d'azote dans chacune de nos expériences mensuelles. Cela correspond à 110 grammes par hectare pour un mois, ou 660 grammes pour six mois. Devant les 15 kilogrammes que nous trouvons plus loin, cette erreur est complétement négligeable.

Avant de passer aux détails de nos recherches sur chaque élément constitutif des matériaux contenus dans les eaux de pluie, nous demanderons la permission de faire une dernière observation. La méthode que nous venons d'exposer diffère essentiellement de celle qui a été suivie par Zimmermann, Brandes et

M. Liebig pour des essais qualitatifs, et de celle qui a ensuite été
adoptée par M. Isidore Pierre et par M. de Gasparin pour des
analyses quantitatives. Ces savants ont évaporé jusqu'à siccité les
eaux de pluie pures ou bien les eaux de pluie auxquelles ils avaient
ajouté de l'acide sulfurique; nous n'évaporons qu'à consistance
de moins d'un litre l'eau de chaque mois, et nous neutralisons
alors la liqueur. Dans la méthode de nos devanciers, il se fait
une perte considérable d'acide azotique, si l'on évapore à sec les
eaux auxquelles on a ajouté de l'acide sulfurique. C'est ce qui explique pourquoi, nous le pensons, M. Liebig a pu regarder l'acide
azotique des eaux de pluie comme n'étant pas susceptible d'être
dosé. Brandes a évaporé les eaux de pluie de Salzuflen, et M. Isidore Pierre celles de Caen, sans prendre aucune précaution pour
empêcher les pertes des sels ammoniacaux ou de l'acide azotique.
Aussi Brandes a-t-il laissé en doute la question de savoir s'il avait
bien réellement obtenu de l'azotate d'ammoniaque en faisant suivre
cette substance dans l'énumération des substances dosées par lui
qualitativement seulement, d'un point d'interrogation.

<h2 style="text-align:center">§ VI.</h2>

OBSERVATIONS SUR LES QUANTITÉS D'EAU RECUEILLIES.

Les eaux qui nous ont été remises contenaient toutes une certaine
quantité de matières diverses en suspension, que nous avons sé-
parées par la filtration sur du papier Berzélius sans essayer de les
doser pour les six mois sur lesquels portent les recherches contenues dans ce mémoire. Lorsqu'elles ont été réduites à la concentration moyenne d'environ 3/4 de litre, elles présentaient
toutes une coloration jaunâtre très-sensible, et le résidu salin provenant de la dessiccation après saturation s'est toujours trouvé grisâtre. Dans les tableaux suivants, nous inscrivons les poids de
l'eau soumise à l'évaporation et ceux des résidus salins obtenus
après saturation.

MOIS.	POIDS DE L'EAU soumise à l'analyse.	POIDS DU RÉSIDU salin sec obtenu.
EAUX DE LA TERRASSE.	kil.	gr.
Juillet 1851................................	34,000	3,862
Août......................................	8,130	3,657
Septembre.................................	10,440	3,702
Octobre...................................	20,300	3,698
Novembre..................................	15,830	3,914
Décembre..................................	6,970	3,953
Total....................	95,670	
EAUX DE LA COUR.		
Août 1851.................................	9,560	3,641
Septembre.................................	11,940	3,690
Octobre...................................	22,810	3,809
Novembre..................................	17,860	3,855
Décembre..................................	8,240	3,300
Total....................	70,410	

Par suite de circonstances indépendantes de notre volonté et
de celle de M. Charles Mathieu, qui, comme nous l'avons dit, a
bien voulu se charger de nous fournir les eaux de l'Observatoire,
nous n'avons pu recevoir les eaux tombées dans la cour en juillet.
D'un autre côté, il ne nous a pas été remis :

POUR LA TERRASSE.

	Hauteur de pluie en centimètres.		Poids d'eau en kilogrammes.
En juillet............	0,9	correspondant à...	3,920
En août..............	0,4	correspondant à...	1,814
En novembre.........	0,4	correspondant à...	1,814
Total.................			7,548

POUR LA COUR.

	Hauteur de pluie en centimètres.		Poids d'eau en kilogrammes.
En août................	0,5	correspondant à...	2,269
En octobre..........	0,3	correspondant à...	1,361
En novembre........	0,5	correspondant à...	2,269
TOTAL................			5,899

Ces quantités d'eau de pluie étant ajoutées à celles que nous avons analysées augmenteraient les doses des divers éléments que nous avons trouvés. Il est impossible de dire, dans l'état actuel de nos connaissances, comment varient ces éléments d'une pluie à une autre. Seulement il nous paraît qu'en admettant que dans chacun des mois ci-dessus il faudra augmenter les éléments trouvés dans la proportion des eaux réellement analysées à celle des eaux qui eussent pu nous être remises, nous aurons une approximation suffisante.

Dans tous les cas, pour qu'on puisse comparer les poids d'eau que nous avons analysés à ceux qui se déduisent des hauteurs portées dans les tableaux météorologiques publiés mensuellement par l'Observatoire, nous plaçons ci-après en regard ces hauteurs d'eau et les volumes qui s'en déduisent, en les multipliant par la surface des udomètres (0,4536 mètre carré).

EAUX DE LA TERRASSE.

MOIS.	HAUTEUR DE PLUIE en centimètres.	VOLUMES D'EAU TOMBÉE calculés.
	cent.	lit.
Juillet...	8,127	36,864
Août...	2,604	11,812
Septembre..	2,305	10,455
Octobre...	4,585	20,798
Novembre...	3,875	17,577
Décembre...	1,625	7,371
TOTAL...................................		104,877

EAUX DE LA COUR.

MOIS.	HAUTEUR DE PLUIE en centimètres.	VOLUMES D'EAU TOMBÉE calculés.
	cent.	lit.
Août	2,824	12,810
Septembre	2,931	13,095
Octobre	5,279	23,918
Novembre	4,347	19,268
Décembre	1,790	8,099
Total		77,190

Si l'on ajoute aux $95^k,670$ d'eau de pluie de la terrasse qui nous ont été fournis les $7^k,548$ qui ont été jetés par accident, on trouve $103^k,218$; et si l'on ajoute aux $70^k,410$ d'eau de la cour les $5^k,899$ également jetés par accident, on obtient $76^k,309$. Les deux nombres $103^k,218$ et $76^k,309$ ne diffèrent de ceux déduits des mesures des hauteurs $104^k,877$ et $77^k,190$ que dans les limites d'erreur provenant d'un mesurage au poids qui est toujours constant, et d'un mesurage au volume qui ne donne pas les mêmes quantités lorsqu'il est effectué à diverses températures.

Pour se faire une juste idée des causes des variations que l'on trouvera dans les doses des matériaux déterminés dans les eaux des pluies de chaque mois, il est nécessaire de connaître les directions des vents qui amènent ces pluies. De pareilles données, rapprochées de l'analyse des eaux de chaque mois, deviendront, nous le pensons, au bout de quelques années, des éléments météorologiques d'une haute valeur. En conséquence, nous avons réuni dans les tableaux suivants tous les renseignements que nous ont fournis sur la question les registres de l'Observatoire.

5

DATES DES JOURS de pluie.	OBSERVATIONS SUR LES PLUIES.	HAUTEURS D'EAU TOMBÉE mesurées le lendemain matin.		OBSERVATIONS SUR LA DIRECTION des vents de pluie.
		Cour.	Terrasse.	
	MOIS DE JUILLET.	mill.	mill.	
1	Pluie à 10ʰ 40ᵐ matin.......... Tonnerre et pluie à 3ʰ 30ᵐ soir... Pluie à 9ʰ soir...............	20,40	19,00	E. à 10ʰ 40ᵐ. S. E. à 3ʰ.
2	Pluie à peu près toute la journée..	3,50	2,40	O.
3	Pluie violente à 10ʰ soir........ Tonnerre à minuit............. Pluie abondante pendant la nuit...	11,67	10,05	N.
8	Quelques gouttes de pluie vers 3ʰ soir	″ ″	″ ″	O. N. O.
9	Pluie à partir de 3ʰ........... Pluie dans la nuit du 9 au 10....	2,98	2,91	O.
10	Pluie abondante à 2ʰ soir........ Autre pluie entre 8 et 11ʰ soir...	2,00	2,60	O. S. O. O. N. O.
14	Pluie dans la nuit et vers midi....	2,48	1,60	S. S. O.
15	Pluie dans la soirée...........	″ ″	″ ″	O. S. O.
16	Pluie à 4ʰ 5ᵐ matin........... Pluie à 2ʰ 30ᵐ soir...........	5,35	5,20	E. N. E.
18	Pluie de midi à 2ʰ.............	″ ″	″ ″	Vent variant du N. au N. N. O.

DATES DES JOURS de pluie.	OBSERVATIONS SUR LES PLUIES.	HAUTEURS D'EAU TOMBÉE mesurées le lendemain matin.		OBSERVATIONS SUR LA DIRECTION des vents de pluie.
		Cour.	Terrasse.	
	SUITE DU MOIS DE JUILLET.	mill.	mill.	
19	Quelques gouttes de pluie à 4ʰ soir. Quelques gouttes de pluie à 10ʰ 30ᵐ s.	″ ″	″ ″	S.
20	Pluie dans la nuit du 19 au 20...	2,45	2,15	S.
23	Orage dans la nuit du 22 au 23.. Pluie de 1ʰ 30ᵐ soir à 4ʰ........	9,50	9,40	Vent E. à 9ʰ soir le 22 et S. à 9ʰ matin le 23.
24	Pluie à 9ʰ matin..............	″ ″	″ ″	S. O.
26	Pluie à 11ʰ matin............	10,70	9,00	O. N. O.
29	Pluie dans la nuit du 28 au 29.... Pluie et éclairs à 9ʰ soir........	″ ″	″ ″	S. à S. S. O. S. S. O.
30	Pluie dans la nuit du 29 au 30...	13,95	14,95	S. S. O.
	MOIS D'AOÛT.			
1	Pluie dans la nuit du 31 juillet au 1ᵉʳ août.................	0,60	0,50	N. N. O.
7	Pluie et tonnerre à 3ʰ soir....... Pluie très-forte et orage de 4 à 5ʰ soir.	5,00	4,27	N. E. S.

DATES DES JOURS de pluie.	OBSERVATIONS SUR LES PLUIES.	HAUTEURS D'EAU TOMBÉE mesurées le lendemain matin.		OBSERVATIONS SUR LA DIRECTION des vents de pluie.
		Cour.	Terrasse.	
	SUITE DU MOIS D'AOÛT.	mill.	mill.	
15	Pluie dans la nuit du 14 au 15...	1,60	1,50	O.
17	Pluie de 6ʰ 45ᵐ soir à 7ʰ........	″ ″	″ ″	O.
28	Pluie abondante à 7ʰ 30ᵐ matin... Pluie à 9ʰ matin..............	15,95	15,80	O. N. O. O. N. O.
29	Pluie à midi et de 8ʰ à 8ʰ 50ᵐ.....	4,65	3,67	N. O.
30	Pluie à 3ʰ et à 8ʰ 45ᵐ soir.......	0,44	0,30	N. O.
	MOIS DE SEPTEMBRE.			
1	Quelques gouttes de pluie à 9ʰ soir.	″ ″	″ ″	O. N. O.
2	Pluie abondante à 9ʰ matin...... Pluie continue de midi à 3ʰ soir..	4,30	4,00	O. O.
18	Pluie à 3ʰ soir..............	11,98	9,00	N.
21	Pluie à 9ʰ matin.............	3,58	2,98	N. O.

DATES DES JOURS de pluie.	OBSERVATIONS SUR LES PLUIES.	HAUTEURS D'EAU TOMBÉE mesurées le lendemain matin.		OBSERVATIONS SUR LA DIRECTION des vents de pluie.
		Cour.	Terrasse.	
	SUITE DU MOIS DE SEPTEMBRE.	mill.	mill.	
22	Quelques gouttes de pluie à 3ʰ soir.	2,46	2,05	N. O.
	Pluie de 6ʰ à 8ʰ 30ᵐ soir........	6,54	4,97	N. O.
26	Petite pluie...................	0,45	0,05	O. S. O.
	MOIS D'OCTOBRE.			
1	Pluie à midi 30ᵐ.............	″ ″	″ ″	S.
	Pluie abondante à 8ʰ 15ᵐ soir....			S. violent.
2	Pluie abondante à 10ʰ 30ᵐ matin.	″ ″	″ ″	S. S. O.
	Pluie à midi.................			S. S. O.
3	Pluie à midi.................	″ ″	″ ″	S. O. fort.
4	Pluie abondante à 8ʰ 30ᵐ matin...	35,30	31,32	S.
	Forte pluie de 1ʰ à 2ʰ 45ᵐ soir....			O. — S. S. O.
6	Pluie dans la soirée...........	″ ″	″ ″	S. O.
8	Pluie à 10ʰ 30ᵐ matin.........	2,42	1,97	O.
14	Pluie de 3ʰ à 5ʰ.............	″ ″	″ ″	S. O.

DATES DES JOURS de pluie.	OBSERVATIONS SUR LES PLUIES.	HAUTEURS D'EAU TOMBÉE mesurées le lendemain matin.		OBSERVATIONS SUR LA DIRECTION des vents de pluie.
		Cour.	Terrasse.	
	SUITE DU MOIS D'OCTOBRE.	mill.	mill.	
15	Pluie à 9ʰ soir...............	4,80	4,00	S. S. O.
19	Pluie à 9ʰ matin...............	2,27	1,78	S. S. O.
29	Pluie à midi et de 3ʰ à 8ʰ 30ᵐ.....	8,00	6,78	O.
	MOIS DE NOVEMBRE.			
2	Pluie à midi................. Pluie à 3ʰ soir................	" "	" "	S. S. O.
3	Pluie à 9ʰ matin.............. Pluie de 1ʰ à 3ʰ soir...........	" "	" "	O. N. O. — O.
4	Quelques gouttes de pluie à midi, et pluie continue de 1ʰ à 3ʰ soir.	9,05	8,83	S. O.
6	Pluie à 9ʰ matin, et par intervalles de midi à 3ʰ...............	9,40	8,80	O.
7	Pluie dans la nuit du 7 au 8....	1,40	1,15	O. — N. O.
10	Pluie dans la matinée.........	" "	" "	S.

DATES DES JOURS de pluie.	OBSERVATIONS SUR LES PLUIES.	HAUTEURS D'EAU TOMBÉE mesurées le lendemain matin.		OBSERVATIONS SUR LA DIRECTION des vents de pluie.
		Cour.	Terrasse.	
	SUITE DU MOIS DE NOVEMBRE.			
		mill.	mill.	
17	Neige dans la nuit du 16 au 17...	" "	" "	N. O.
18	Neige à midi..................	" "	" "	O. N. O. .
21	Pluie à 9ʰ soir...............	3,47	2,34	S. O.
24	Neige dans la nuit du 23 au 24... Pluie à 2ʰ et à 8ʰ soir.........	" "	" "	N. — N. O. N. O.
25	Pluie abondante à 3ʰ soir.........	17,15	15,00	S. O.
26	Pluie à 9ʰ matin.............. Pluie à 4ʰ	" " 3,00	" " 2,63	S. O.
	MOIS DE DÉCEMBRE.			
5	Petite pluie fine à 9ʰ mat. et 3ʰ soir. Bruine à 10ʰ soir..............	" "	" "	O. O.
6	Pluie fine à midi 10ᵐ..........	" "	" "	S. O.
8	Pluie fine de 3ʰ à 11ʰ soir.......	" "	" "	S. O. — O. S. O.

DATES DES JOURS de pluie.	OBSERVATIONS SUR LES PLUIES.	HAUTEURS D'EAU TOMBÉE mesurées le lendemain matin.		OBSERVATIONS SUR LA DIRECTION des vents de pluie.
		Cour.	Terrasse.	
	SUITE DU MOIS DE DÉCEMBRE.			
		mill.	mill.	
21	Pluie à 9ʰ soir................	″ ″	″ ″	S.
22	Pluie à 9ʰ soir................	″ ″	″ ″	O. S. O. fort.
23	Pluie à 3ʰ soir................	15,00	14,60	N. N. O.
28	Neige.......................	2,90	1,65	N. E.

Comme, durant le semestre qui fait le sujet de ce mémoire,
les eaux n'ont pas été recueillies immédiatement après chaque
jour de pluie, il est impossible de rapporter exactement à chacun
des points de la rose des vents la quantité de pluie qui lui correspond. Cependant les chiffres précédents peuvent servir pour
définir la pluie de chaque mois par la direction générale des
vents qui l'a principalement apportée. Ainsi, nous trouvons que :

Durant *juillet*, le vent de pluie dominant a été celui du *sud*,
car les vents ESE, SSE, S, SSO, OSO, ont apporté ensemble
$50^{mill},78$ de pluie sur $81^{mill},27$ qui sont tombés;

Durant *août*, le vent de pluie dominant a été aussi celui du
nord-ouest, car les vents NNO, NO, ONO, O, ont apporté ensemble $23^{mill},24$ de pluie sur $28^{mill},24$;

Durant *septembre*, le vent de pluie dominant a été celui du *nord-
ouest*, car les vents N, NO, ONO, O, ont apporté ensemble
$22^{mill},59$ sur $29^{mill},31$;

Durant *octobre*, le vent de pluie dominant a été celui du *sud-ouest*, car les vents S, SSO, SO, ont apporté ensemble $37^{mill},85$ de pluie sur $52^{mill},79$;

Durant *novembre*, le vent de pluie dominant a été celui de *l'ouest*, car les vents SO, O et NO ont apporté ensemble 37 millimètres de pluie sur $43^{mill},47$;

Enfin, durant *décembre*, le vent de pluie dominant a été celui du *nord-est*, car les vents NNO, NE et S ont apporté 12 millimètres sur $17^{mill},90$.

§ VII.

DÉTERMINATION DE L'AZOTE.

Nous avons résolu de doser l'azote contenu dans nos résidus salins principaux par la combustion à l'aide de l'oxyde de cuivre et par la mesure des volumes, afin d'avoir l'azote total renfermé dans ces résidus indépendamment de toute hypothèse sur son mode de combinaison dans les eaux de pluie. Nous dirons seulement que la potasse signalait dans tous les résidus salins, avec une grande facilité, la présence de l'ammoniaque, et que la dissolution du protosulfate de fer dans l'acide sulfurique y décelait également dans tous, sans aucune exception, la présence d'azotates.

Nous avons fait deux dosages sur chaque résidu salin, afin d'éviter toute chance d'erreur, et nous avons pris la moyenne des deux résultats obtenus. Voici les détails de nos expériences :

MOIS auxquels appartiennent LES MATIÈRES ANALYSÉES.		MATIÈRE EMPLOYÉE.	AZOTE TROUVÉ.	PRESSION.
		gr.	cc.	mill.
			EAUX DE LA TERRASSE.	
Juillet	I....	0,504	18,0 à + 10°	759,3 à + 16°
	II....	0,349	12,5 à + 11°	764,7 à + 12°
Août	I....	0,670	13,5 à + 09°	751,2 à + 16°
	II....	0,257	5,0 à + 12°	759,6 à + 15°

MOIS auxquels appartiennent LES MATIÈRES EMPLOYÉES.		MATIÈRE EMPLOYÉE.	AZOTE TROUVÉ.	PRESSION.
		gr.	cc.	mill.
SUITE DES EAUX DE LA TERRASSE.				
Septembre	I....	0,463	13,5 à + 09°	755,8 à + 9°5
	II....	0,348	10,0 à + 12°	757,5 à + 12°5
Octobre	I....	0,588	7,0 à + 09°	756,4 à + 13°
	II....	0,534	6,0 à + 11°	753,2 à + 12°
Novembre	I....	0,701	9,0 à + 11°5	759,8 à + 15°5
	II....	0,714	10,0 à + 11°5	751,0 à + 15°
Décembre	I....	0,614	14,0 à + 11°	758,6 à + 13°
	II....	0,561	12,5 à + 9°	751,7 à + 12°
EAUX DE LA COUR.				
Août	I....	0,670	13,5 à + 9°	751,2 à + 16°
	II....	0,559	10,5 à + 12°	757,3 à + 12°5
Septembre	I....	0,405	12,75 à + 11°5	764,4 à + 16°
	II....	0,304	9,75 à + 11°5	764,7 à + 14°5
Octobre	I....	0,467	14,5 à + 9°	756,3 à + 16°8
	II....	0,592	19,0 à + 10°	758,5 à + 12°
Novembre	I....	0,638	12,5 à + 11°	759,8 à + 17°
	II....	0,675	12,5 à + 12°	752,2 à + 14°
Décembre	I....	0,556	13,0 à + 10°	766,5 à + 13°
	II....	0,677	15,25 à + 8°	758,3 à + 9°5

De tous ces éléments fournis par l'analyse, le calcul déduit, pour la quantité totale d'azote de chaque résidu salin mensuel, tant des eaux de la plate-forme que des eaux de la cour de l'Observatoire, les nombres contenus dans les tableaux suivants :

MOIS.	ANALYSES.		MOYENNES.
	I.	II.	
EAUX DE LA TERRASSE.			
Juillet	0,1548	0,1633	0,159
Août	0,0867	0,0839	0,085
Septembre	0,1287	0,1255	0,127
Octobre	0,0522	0,0548	0,054
Novembre	0,0597	0,0641	0,062
Décembre	0,1069	0,1056	0,106
EAUX DE LA COUR.			
Août	0,0816	0,0783	0,080
Septembre	0,1384	0,1408	0,140
Octobre	0,1447	0,1411	0,143
Novembre	0,0776	0,0834	0,081
Décembre	0,0926	0,0919	0,092

L'évaporation à sec des liqueurs acides, après la neutralisation par du bicarbonate de potasse, a été faite en vase clos, en condensant, comme nous l'avons dit, les vapeurs pour évaporer l'eau obtenue avec l'acide chlorhydrique et du bichlorure de platine. Cette modification au procédé que nous avions d'abord employé n'a été introduite que pour les eaux de la cour de décembre, et pour celles de la terrasse de novembre et de décembre. Elle nous a été suggérée parce que, malgré les précautions que nous prenions pour ne pas mettre un excès de bicarbonate de potasse dans la neutralisation des liqueurs acides, nous avions constaté quelquefois, au moment d'arriver à siccité sur un bain-marie à l'eau, une légère odeur ammoniacale. Nous avons voulu dès lors éviter cette cause d'erreur.

Nous avons obtenu les quantités suivantes de chloroplatinate d'ammoniaque :

	Grammes.
Terrasse de novembre	0,203
Terrasse de décembre	0,097
Cour de décembre	0,361

6.

D'où l'on déduit les quantités d'azote suivantes :

Grammes.

Terrasse de novembre. 0,013
Terrasse de décembre. 0,006
Cour de décembre. 0,023

En neutralisant la liqueur avec précaution avant de l'évaporer jusqu'à siccité, on peut annuler à peu près toute perte d'ammoniaque ; cependant nous aurons toujours soin dans nos recherches subséquentes d'aller retrouver les quantités, si faibles qu'elles soient, qui tendront à s'échapper lors de la dernière concentration.

Nous n'avons pas, dans les eaux des six derniers mois de 1851, fait d'une manière régulière la seconde distillation, sur du carbonate de potasse, des eaux déjà distillées sur de l'acide sulfurique. Nous avons constaté précédemment, en vérifiant nos procédés d'analyse, qu'on retrouverait ainsi quelques milligrammes d'azote échappés à l'état d'acide azotique. Afin de n'enregistrer à l'avenir que les résultats météorologiques aussi parfaits que possible, nous faisons régulièrement les doubles distillations à partir de janvier 1852. Les chiffres contenus dans le présent mémoire ne sont à cet égard que des *minima* qui pourraient être augmentés pour chaque mois de 10 milligrammes d'azote, sans que nous ayons à craindre de dépasser la vérité. Nous ne ferons pas toutefois cette augmentation, afin de ne donner que les résultats déduits *directement* de nos analyses. Nous tenons seulement à faire remarquer que, bien que l'on puisse trouver peut-être que leur grandeur est tout à fait inattendue, les nombres constatés sont *audessous de la vérité* et que la limite de l'erreur est de 10 pour 100.

Cela posé, et en tenant compte seulement des rectifications nécessaires pour les petites quantités d'eau qui ne nous ont pas été livrées, quantités qui ne s'élèvent du reste qu'à 7 p. o/o des eaux analysées, nous obtenons les chiffres suivants pour représenter l'azote total trouvé dans les eaux de pluie de chaque mois :

AZOTE TOTAL DES EAUX DE LA TERRASSE.

MOIS.	SUR L'UDOMÈTRE.	PAR HECTARE.	PAR MÈTRE CUBE d'eau.
	gr.	kil.	gr.
Juillet.......................	0,177	3,902	4,668
Août........................	0,094	2,072	10,509
Septembre....................	0,127	2,800	12,165
Octobre......................	0,054	1,190	2,660
Novembre....................	0,084	1,852	4,761
Décembre....................	0,112	2,469	16,069
Totaux pour six mois.....	0,648	14,285	50,832
Moyenne..			8,472

Si, au lieu de prendre la moyenne des 6 doses mensuelles d'azote contenues dans chaque mètre cube d'eau, on calculait d'après les $0^g,648$ renfermés dans $103^k,218$ d'eau de pluie totale, on aurait $6^g,397$ pour la dose d'azote renfermée dans un mètre cube de toutes les eaux mélangées.

D'un autre côté, s'il était permis de doubler la quantité totale d'azote amené dans le sol tant à l'état d'ammoniaque que d'acide azotique, pour les eaux de pluie d'un semestre, on trouverait $28^k,570$ sur un hectare pour toute l'année 1851.

AZOTE DES EAUX DE LA COUR.

MOIS.	SUR L'UDOMÈTRE.	PAR HECTARE.	PAR MÈTRE CUBE d'eau.
	gr.	kil.	gr.
Août........................	0,099	2,182	8,369
Septembre....................	0,140	3,086	11,725
Octobre......................	0,151	3,329	6,247
Novembre....................	0,091	2,006	4,527
Décembre....................	0,115	2,535	13,956
Totaux par mois........	0,596	13,138	44,824
Moyenne..			8,965

Si, au lieu de prendre la moyenne des six doses d'azote contenues dans le mètre cube d'eau de chaque mois, on calcule d'après la somme totale de tout l'azote trouvé et d'après les 76^k,369 d'eau analysés, on obtient une quantité d'azote représentée par 7^g,939 par mètre cube ou par 1,000 kilogrammes d'eau de pluie.

En admettant, d'un autre côté, que l'on puisse passer du chiffre obtenu pour cinq mois pour un hectare à celui que donnerait une année entière, on trouve 31^k,531 pour l'azote amené par les eaux de pluie, tant à l'état d'ammoniaque que d'acide azotique, sur un hectare de terrain à la hauteur de la cour de l'Observatoire de Paris.

D'après les chiffres précédents constatés pour les deux udomètres de cet Observatoire, on peut regarder comme parfaitement démontré que les eaux de pluie, celles au moins qui ont traversé l'atmosphère de Paris, ont jeté sur le sol au *minimum* 31 kilogrammes d'azote par hectare. Ce chiffre n'est point exagéré, puisque les expériences qui ont servi à le constater ne sauraient présenter qu'une erreur *en moins* de 10 p. o/o, soit de 3 kilogrammes.

Dans nos recherches commencées sur les eaux de 1852, cette erreur est réduite à 1 p. o/o, et dès lors des comparaisons intéressantes pourront être faites sur les changements que présenteront les eaux suivant les saisons et suivant les lieux. Quant à présent, le résultat obtenu nous paraît toutefois d'une importance que nous essayerons de faire ressortir par quelques rapprochements.

M. Boussingault, en étudiant comparativement six assolements différents sur son domaine de Bechelbroum, a trouvé constamment dans les récoltes un excédant d'azote par rapport à celui introduit par les engrais. Voici les chiffres qui résultent de son travail, qui sert aujourd'hui de base à toutes les supputations de l'agriculture[1] :

[1] *Économie rurale*, t. II, p. 190.

ASSOLEMENTS.	DURÉE DES ASSOLEMENTS.	DANS L'ENGRAIS.	DANS LA RÉCOLTE.	GAIN EN AZOTE EN UN AN sur un hectare.
		kil.	kil.	kil.
N° 1..........	5 ans..........	40,6	50,1	9,5
— 2..........	5 idem........	40,6	50,8	10,2
— 3..........	6 idem........	40,6	58,9	18,4
— 4..........	3 idem........	25,8	29,1	3,3
— 5..........	1 idem........	94,1	137,1	43,0
— 6..........	4 idem........	45,5	76,1	30,6
Total pour six ans..........................				115,0
Gain moyen en un an et par hectare............				19,1

Ne voit-on pas, puisque le chiffre moyen de l'excédant obtenu par M. Boussingault ne s'élève qu'à 19 kilogrammes par an et par hectare, qu'il n'est peut-être pas présomptueux d'admettre que ce gain d'azote a pu être fourni aux récoltes par la pluie qui, à Paris, en 1851, a donné au sol une quantité d'azote qu'on peut estimer à 31 kilogrammes?

Il est certainement évident qu'il doit y avoir une perte des sels ammoniacaux et des nitrates que les eaux de pluie amènent sur le sol. Mais si l'on fait attention que, d'après les chiffres rappelés par M. Boussingault[1] et d'après les expériences de Hales[2], un hectare de choux peut transpirer en 12 heures 20,000 kilogrammes d'eau, et un hectare de houblon 2,440 kilogrammes, on conviendra qu'on doit tenir compte des matières azotées apportées aux récoltes par les eaux de pluie.

D'un autre côté, la théorie des jachères serait éclairée d'un jour nouveau, si l'on connaissait en plusieurs lieux les quantités d'azote données au sol par la pluie durant chaque saison. On sait que le résultat moyen de la jachère en France est une récolte de 10 hectolitres de blé tous les deux ans. Or, cette récolte ne correspond qu'à 19 kilogrammes d'azote. Les pluies ayant pu fournir durant ce temps 60 kilogrammes d'azote, on voit qu'il suffit

[1] *Économie rurale*, t. I, p. 28 et 29.
[2] *Statique des végétaux*, expériences II et IX.

d'admettre que les plantes auront pu utiliser seulement le tiers de l'azote apporté par les pluies pour que les phénomènes de la jachère reçoivent une explication tout à fait plausible. Comme on estime[1] seulement au quart environ de la pluie la quantité d'eau qui sert à l'entretien des rivières et des fleuves, on ne peut élever aucune objection contre la source que nous attribuons aux substances réparatrices de la fertilité du sol. La jachère, en donnant le repos à la terre, lui fournit seulement le moyen d'attendre que les pluies lui apportent les engrais disséminés dans l'atmosphère.

Récemment, MM. Lawes et Gilbert ont publié un mémoire sur les récoltes successives que donne un même terrain constamment ensemencé de céréales et recevant divers engrais[2]; ils ont trouvé que, durant sept années successives, le même sol, qui n'avait reçu la première année et une fois pour toutes que du phosphate et du sulfate de chaux, ainsi que du silicate de potasse, avait continué à fournir des récoltes assez considérables en froment de la manière suivante :

ANNÉES.	GRAIN.	PAILLE.
	kil.	kil.
1844.	1,035,4	1,256,4
1845.	1,616,5	3,042,3
1846.	1,354,0	1,697,3
1847.	1,259,8	2,133,7
1848.	1,067,9	1,920,5
1849.	1,376,5	1,810,6
1850.	1,121,8	1,930,8
Totaux.	8,832,9	13,791,6
Moyennes.	1,261,8	1,970,2

[1] *Cours d'agriculture*, par M. de Gasparin, t. II, p. 270 (2ᵉ édition).
[2] *The journal of the Royal agricultural society of England*, t. XII, p. 1; et *Journal d'agriculture pratique*, 3ᵉ série, t. IV, p. 167.

Ce fait peut paraître étonnant au premier abord; mais si l'on calcule la quantité d'azote totale enlevée chaque année tant par le grain que par la paille de froment, azote que, d'après les expériences de M. Boussingault, nous supposons être de 1.96 p. o/o dans le grain et de 0.29 p. o/o dans la paille, on verra que nos expériences sur l'eau de pluie peuvent en rendre parfaitement compte. En effet, les récoltes de MM. Lawes et Gilbert contenaient les quantités suivantes d'azote :

ANNÉES.	AZOTE DU GRAIN.	AZOTE DE LA PAILLE.	AZOTE TOTAL.
	kil.	kil.	kil.
1844........................	20,3	3,6	23,9
1845........................	30,8	8,8	39,6
1846........................	26,6	4,9	31,5
1847........................	24,7	6,2	30,9
1848........................	21,1	5,6	26,7
1849........................	27,0	5,2	32,2
1850........................	22,0	5,6	27,6
Totaux........	172,5	39,9	212,4
Moyennes..........	24,7	5,7	30,4

Si ce sol renfermait une certaine quantité d'azote, ce que les cultivateurs appellent de la *vieille force,* n'est-il pas évident que l'on peut admettre que les 30 kilogrammes d'azote enlevés chaque année moyenne ont été rendus par la pluie, puisque, à Paris, nous avons trouvé dans les eaux météoriques une quantité d'azote s'élevant au-delà de ce même chiffre de 30 kilogrammes.

Ce n'est pas que nous voulions prétendre que les résultats de l'analyse des eaux de pluie tombées à l'Observatoire de Paris soient applicables à d'autres contrées. Notre but est seulement de montrer l'importance de la question et de faire voir combien il serait intéressant que des recherches de la nature de celles sur lesquelles nous insistons, fussent faites avec tout le soin désirable en différents lieux. Les agriculteurs admettent que dans les régions méridionales il faut moins d'engrais que dans les contrées du nord. Cette pensée est exprimée de la manière suivante par M. de Gasparin dans son Cours d'agriculture[1] : « L'atmosphère restitue à la terre une partie des sucs fécondants qu'elle perd par les productions. Cette propriété rend l'usage des engrais de moins en moins indispensable en avançant vers le midi. Ce fait est incontestable. » N'est-il pas, en conséquence, possible, nous dirions volontiers probable, que dans des pays voisins de l'équateur on trouverait, par l'analyse, que les eaux de pluie contiennent des quantités plus considérables d'azote que dans notre climat?

Dans tous les cas, il résulte des analyses rapportées plus haut que l'eau est inégalement chargée de matières azotées selon les divers mois, et que les matières azotées qui sont amenées par les pluies sur un hectare ne sont nullement proportionnelles aux quantités d'eau tombées. Ainsi, en juillet, une hauteur d'eau de $8^{mill},127$ a apporté $3^k,902$ d'azote, et, en août, une hauteur d'eau de $2^{mill},604$, c'est-à-dire trois fois moindre, a versé sur le sol $2^k,072$ d'azote, c'est-à-dire une dose seulement moitié moindre. La somme des quantités d'azote des trois mois de juillet, août et septembre, est à celle des trois mois d'octobre, novembre et décembre, comme 8 est à 5.

§ VIII.

DÉTERMINATION DE L'AMMONIAQUE ET DE L'ACIDE AZOTIQUE.

Nous avons déjà dit que les réactifs décelaient avec la plus grande évidence tant de l'ammoniaque que de l'acide azotique dans les résidus salins à l'analyse desquels nous avons ramené l'étude des eaux de pluie. Mais quel est dans l'azote total que nous avons dosé celui qui est à l'état d'ammoniaque et celui qui est à l'état d'acide azotique? Pour résoudre cette question, nous avons soumis à un double dosage d'azote chacun de nos résidus salins à l'aide de la calcination avec de la chaux sodée, en absorbant l'ammoniaque dégagée par de l'acide sulfurique titré et en

[1] T. II, p. 315 (2ᵉ édition).

saturant ensuite celui-ci par une dissolution normale de saccharate de chaux, suivant le procédé de M. Péligot. Nous avons ainsi obtenu constamment des quantités d'azote fort inférieures à celles que nous avait fournies la combustion par l'oxyde de cuivre; or, on sait que le procédé de M. Péligot n'indique pas l'azote qui est à l'état d'acide azotique. Une soustraction nous donnera donc ce dernier. Quant à l'azote existant à l'état d'ammoniaque, nous le confondrons avec celui qui peut-être existe dans la très-petite quantité de matière organique indéterminée que l'eau de pluie renferme. Nous n'avons pas trouvé, quant à présent, de procédé susceptible de séparer cette matière organique.

Nous avons vu précédemment, dans le paragraphe V de ce mémoire consacré aux recherches de vérification de nos procédés d'analyse, que de l'azotate de potasse pur ne fournit aucune trace d'azote par la calcination avec la chaux sodée. Aucune portion de l'azote de l'acide azotique ne se transforme en ammoniaque dans les conditions où se fait cette expérience.

Les nouveaux dosages d'azote que nous avons effectués par le procédé de M. Péligot nous ont fourni les résultats suivants :

EAUX DE LA TERRASSE.

MOIS.		MATIÈRE employée.	AZOTE trouvé.
		gr.	gr.
Juillet	I	0,572	0,0148
	II	0,583	0,0169
Août	I	0,558	0,0063
	II	0,737	0,0084
Septembre	I	0,927	0,0042
	II	1,061	0,0042
Octobre	I	0,855	0,0042
	II	1,236	0,0063
Novembre	I	0,694	0,0065
	II	0,784	0,0074
Décembre	I	0,440	0,0028
	II	0,448	0,0028

EAUX DE LA COUR.

MOIS.		MATIÈRE EMPLOYÉE.	AZOTE TROUVÉ.
		gr.	gr.
Août	I.....	0,604	0,0042
	II.....	0,858	0,0063
Septembre	I.....	0,734	0,0084
	II.....	0,937	0,0105
Octobre	I.....	0,872	0,0048
	II.....	1,377	0,0072
Novembre	I.....	0,966	0,0046
	II.....	1,095	0,0046
Décembre	I.....	0,546	0,0055
	II.....	0,538	0,0055

De ces expériences nous concluons, en rapportant les quantités trouvées au poids total de chaque résidu salin, les résultats suivants :

MOIS.	ANALYSES.		MOYENNES.
	I.	II.	
DOSAGE DE L'AZOTE DES EAUX DE LA TERRASSE PAR LA CHAUX SODIQUE.			
	gr.	gr.	gr.
Juillet	0,0999	0,1116	0,106
Août	0,0413	0,0417	0,042
Septembre	0,0166	0,0147	0,016
Octobre	0,0182	0,0189	0,019
Novembre	0,0366	0,0369	0,037
Décembre	0,0252	0,0247	0,025
DOSAGE DE L'AZOTE DES EAUX DE LA COUR PAR LA CHAUX SODIQUE.			
Août	0,0253	0,0267	0,026
Septembre	0,0422	0,0413	0,042
Octobre	0,0210	0,0199	0,020
Novembre	0,0183	0,0162	0,017
Décembre	0,0332	0,0337	0,033

En tenant compte de la petite quantité d'azote échappée à l'état de carbonate d'ammoniaque et dosée à l'état de chloroplatinate d'ammoniaque, et en rapportant les résultats trouvés aux quantités totales d'eau de pluie de chaque mois, nous faisons la séparation de l'azote sous ses deux formes, résultat auquel nous voulions arriver.

MOIS.	AZOTE TOTAL.	AZOTE à l'état D'AMMONIAQUE.	AZOTE à l'état D'ACIDE AZOTIQUE.
AZOTE DES EAUX DE LA TERRASSE.			
	gr.	gr.	gr.
Juillet..........................	0,177	0,118	0,059
Août............................	0,094	0,046	0,048
Septembre.......................	0,127	0,016	0,111
Octobre.........................	0,054	0,018	0,036
Novembre........................	0,084	0,056	0,028
Décembre........................	0,112	0,031	0,081
Totaux...............	0,648	0,285	0,363
En rapportant à l'hectare, on trouve:			
	kil.	kil.	kil.
Pour six mois...................	14,285	6,283	8,002
Pour un an......................	28,570	12,566	16,004
AZOTE DES EAUX DE LA COUR.			
	gr.	gr.	gr.
Août............................	0,099	0,032	0,067
Septembre.......................	0,140	0,042	0,098
Octobre.........................	0,151	0,021	0,030
Novembre........................	0,091	0,019	0,072
Décembre........................	0,115	0,056	0,059
Totaux...............	0,596	0,170	0,426
En rapportant à l'hectare, on trouve:			
	kil.	kil.	kil.
Pour cinq mois..................	13,138	3,748	9,390
Pour un an......................	31,531	8,995	22,536

En examinant les chiffres précédents donnés pour chaque mois,
on reconnaît que, tandis qu'il y a pour ceux qui représentent
l'azote total des eaux de la terrasse et des eaux de la cour une
concordance parfaite, à l'exception toutefois du mois d'octobre,
qui pour la terrasse paraît un peu faible, cette concordance dis-
paraît pour les nombres qui regardent l'ammoniaque ou l'acide
azotique. Nous ne chercherons pas à expliquer ce fait quant à
présent. Nous remarquerons toutefois que les récipients métal-
liques sur lesquels sont reçues les pluies dans les deux udomètres
peuvent exercer une influence bien connue pour la transformation
de l'acide azotique en ammoniaque, équivalent à équivalent. Mais
cette transformation se fait, comme on sait, sans changer en rien
la quantité d'azote total. D'un autre côté, on n'a pas encore constaté que la transformation inverse de l'ammoniaque en acide azotique puisse avoir lieu dans de pareilles circonstances. Conséquem-
ment, quand même on voudrait faire jouer un rôle quelconque
au fer, au cuivre et au zinc des udomètres, ce rôle ne pourrait
infirmer en rien ce fait remarquable d'une dose considérable d'a-
zote apporté à la végétation par les eaux de pluie, et sur cet autre
fait qu'une grande portion de cet azote est dans les eaux de pluie,
à coup sûr, à l'état d'acide azotique.

Ce dernier fait n'était pas prévu dans l'état actuel de la science;
car on admettait que l'acide azotique ne devait se rencontrer que
dans les pluies accompagnées d'orages. M. Liebig est même allé
plus loin, comme nous l'avons vu, en soutenant que cet acide
n'existait dans les pluies orageuses qu'en quantités impondérables.
M. Liebig attribuait une forte prépondérance à l'ammoniaque; le
contraire résulte de nos recherches. Nous rappellerons seulement,
comme nous l'avons dit plus haut, que M. Jones a constaté de
son côté la présence de l'acide azotique dans des pluies recueillies
en des localités très-éloignées les unes des autres de la Grande-
Bretagne, durant janvier 1851. Les deux questions des doses
d'ammoniaque et des doses d'acide azotique des pluies doivent
donc être étudiées séparément et devenir des éléments météoro-

logiques importants, et rien n'autorise à négliger l'un au détriment de l'autre.

D'après les analyses précédemment rapportées, on calcule les doses d'ammoniaque suivantes pour le second semestre de 1851 :

AMMONIAQUE DES EAUX DE LA TERRASSE.

MOIS.	SUR L'UDOMÈTRE.	PAR HECTARE.	PAR MÈTRE CUBE d'eau de pluie.
Juillet	0,143	3,153	3,771
Août	0,056	1,234	5,631
Septembre	0,019	0,419	1,820
Octobre	0,022	0,485	1,083
Novembre	0,068	1,499	3,855
Décembre	0,038	0,842	5,452
TOTAUX	0,346	7,632	21,612
MOYENNE			3,602

Si, au lieu de prendre la moyenne des six doses obtenues par mètre cube d'eau pour chaque mois, on calcule d'après la dose totale d'ammoniaque contenue dans $103^k,218$ d'eau, on trouve $3^g,352$ pour le chiffre de la proportion de ce corps contenue dans le mètre cube moyen d'eau d'un semestre.

Si l'on suppose qu'on puisse, par approximation, doubler la quantité d'ammoniaque tombée en six mois seulement par hectare, afin d'avoir la restitution annuelle ainsi faite au sol, on trouve $15^k,264$, à la hauteur de la terrasse de l'Observatoire de Paris.

AMMONIAQUE DES EAUX DE LA COUR.

MOIS.	SUR L'UDOMÈTRE.	PAR HECTARE.	PAR MÈTRE CUBE d'eau de pluie.
	gr.	kil.	gr.
Août	0,038	0,842	3,212
Septembre	0,051	1,124	4,271
Octobre	0,026	0,573	1,076
Novembre	0,023	0,507	1,142
Décembre	0,068	1,499	8,252
TOTAUX	0,206	4,545	17,953
MOYENNE			3,591

Si, au lieu de prendre la moyenne des cinq doses obtenues par mètre cube d'eau pour chaque mois, on calcule d'après la dose totale d'ammoniaque contenue dans $76^k,309$ d'eau, on trouve $2^g,700$ pour le chiffre représentant la proportion d'ammoniaque que renferme le mètre cube d'eau moyen.

Si l'on suppose que l'on puisse, par approximation, passer de cinq mois à une année entière, on obtient $10^k,908$ pour la restitution annuelle ainsi faite au sol par les eaux de pluie à la hauteur de la cour de l'Observatoire de Paris.

L'infériorité relative de la quantité d'ammoniaque que donne le calcul pour les eaux de la cour comparées à celles de la terrasse provient de ce que les eaux du mois de juillet, qui se sont montrées pour la terrasse très-riches en ammoniaque, n'ont pu être analysées pour la cour.

L'influence, sur la végétation, des sels ammoniacaux qui se trouvent dans l'atmosphère a été regardée depuis longtemps comme une chose probable. Voici sur ce point comment s'exprime Théodore de Saussure[1] : « Si l'azote est un être simple, s'il n'est pas un élément de l'eau, on doit être forcé de reconnaître que les

[1] *Recherches chimiques sur la végétation*, p. 207 (1804).

plantes ne se l'assimilent que dans les extraits végétaux et animaux et dans les vapeurs ammoniacales ou d'autres composés solubles dans l'eau qu'elles peuvent absorber dans le sol et dans l'*atmosphère*. On ne peut douter de la présence des vapeurs ammoniacales dans l'atmosphère, lorsqu'on voit que le sulfate d'alumine pur finit par se changer, à l'air libre, en sulfate ammoniacal d'alumine. La supériorité des engrais animaux sur les engrais végétaux ne semble tenir en grande partie qu'à une plus grande proportion d'azote dans les premiers. »

L'opinion de Théodore de Saussure a chaque jour gagné de nouveaux partisans. Cependant la très-petite proportion de carbonate d'ammoniaque que les recherches successives de MM. Gräger, Kemp et Fresenius ont seulement pu mettre en évidence, est devenue, entre les mains de quelques chimistes, un argument contre cette manière de voir. L'analyse régulière d'un certain nombre de pluies devra faire cesser tous les doutes à cet égard. Déjà nos analyses démontrent que dans les eaux il existe assez de composés azotés en dissolution pour n'avoir pas besoin de recourir à l'hypothèse de l'absorption directe de l'azote gazeux de l'air, ou même à celle de l'absorption dans le végétal du gaz azote simplement dissous dans les eaux que la séve charrie dans tous les organes des plantes.

Les chiffres obtenus par MM. Gräger, Kemp et Fresenius sont tellement différents les uns des autres, qu'on a eu recours, pour expliquer les différences constatées, à l'idée que peut-être, dans les réactifs des deux premiers de ces chimistes, il se trouvait à l'avance une certaine quantité d'ammoniaque. Mais il ne nous paraît pas qu'on doive nécessairement rejeter leurs déterminations, à cause de ce doute; car il est très-probable que l'ammoniaque contenue dans l'air doit varier beaucoup, non-seulement d'un lieu à un autre, mais encore avec le temps dans un même lieu.

M. Gräger a fait ses recherches à Mulhouse, pendant quatre journées pluvieuses de mai 1845. M. Kemp a recherché l'ammo-

niaque contenue dans l'air pris à 91 mètres au-dessus de la mer
d'Irlande. M. Fresenius a opéré pendant quarante jours d'août
et septembre 1848 sur l'air pris sur une hauteur située à l'extré-
mité de la ville de Wiesbaden. Rien ne peut, *a priori,* porter à
penser que ces trois déterminations devaient donner les mêmes
résultats. Voici d'ailleurs les 3 chiffres obtenus :

Sur 1 million de kilogrammes d'air,

M. Gräger..................	333	gr. d'ammoniaque.
M. Kemp...................	3,880	*idem.*
M. Fresenius.. { Air diurne....	98	*idem.*
Air nocturne..	169	*idem.*
En moyenne...	134	*idem.*

D'après le poids de la couche d'air qui pèse sur un hectare,
poids que l'on peut évaluer à 102,600,000 kilogrammes, en admettant la pression uniforme de 760 millimètres de mercure, si
l'on suppose d'ailleurs à l'air atmosphérique une composition uniforme, on calcule que l'air situé au-dessus d'un hectare contiendrait les quantités suivantes d'ammoniaque :

	kil.
D'après les analyses de M. Gräger..................	34,2
————————— de M. Kemp..................	398,1
————————— de M. Fresenius.. { Jour..........	10,1
Nuit..........	17,3
En moyenne...	13,7

M. Fresenius[1] pense que l'on peut expliquer la plus grande
richesse en ammoniaque de l'air nocturne « par les phénomènes
qu'offre la nutrition des plantes et par cette circonstance que
l'ammoniaque qui s'accumule dans l'air pendant le jour et pendant la nuit est dissous, puis précipité par la rosée au lever du
soleil. »

Les chiffres précédents sont beaucoup plus considérables qu'il
n'est nécessaire pour rendre compte des quantités d'ammoniaque
que la pluie ramène sur le sol, d'après nos analyses. Mais il faut
remarquer que les analyses de MM. Gräger, Kemp et Fresenius

[1] *Annales de chimie et de physique,* 3ᵉ série, t. XXVI, p. 214.

n'ont porté que sur de l'air en contact avec la terre ; or, il n'est pas démontré que la dose d'ammoniaque n'y est pas plus forte que dans les hautes régions atmosphériques.

Mais quelle est la cause de la présence tant de l'ammoniaque que de l'acide azotique dans les eaux de pluie ? Nous nous rangeons volontiers sur ce sujet à l'opinion de M. Boussingault[1]. « La supposition la plus vraisemblable, dans l'état actuel de la science, dit ce savant chimiste et agriculteur, est de considérer comme l'origine des substances azotées des végétaux, et par suite des animaux, soit les vapeurs ammoniacales de l'atmosphère, soit l'ammoniaque formée aux dépens de l'azote de l'air, pendant la combustion lente des matières hydrogénées. Une des conséquences de cette supposition, c'est d'admettre que le carbonate d'ammoniaque préexistait déjà dans l'atmosphère avant l'apparition des êtres vivants sur le globe. Le phénomène de la constance des orages tend à justifier cette opinion. On sait, en effet, que toutes les fois qu'une série d'étincelles électriques passe dans de l'air humide, il y a production et combinaison d'acide nitrique et d'ammoniaque ; le nitrate d'ammoniaque accompagne d'ailleurs constamment l'eau des pluies d'orage ; mais ce nitrate, étant fixe de sa nature, ne saurait se maintenir à l'état de vapeur : c'est d'ailleurs du carbonate ammoniacal que l'on a signalé dans l'air. En rappelant les réactions que j'ai fait connaître, on conçoit aisément que l'ammoniaque du nitrate amenée sur la terre par la pluie, mise en contact avec les roches calcaires, se volatilise ensuite à l'état de carbonate lors de la prochaine dessiccation du sol. Ainsi, en définitive, ce serait une action électrique, la foudre, qui disposerait le gaz azote de l'atmosphère à s'assimiler aux êtres organisés. En Europe, où les orages sont rares, on accordera peut-être difficilement autant d'importance à l'électricité des nuages. Cependant, en négligeant ce qui se passe en dehors des tropiques, en considérant uniquement la zone équinoxiale, il est

[1] *Annales de chimie et de physique*, t. LXXI (1839) ; et *Économie rurale*, 2ᵉ édit., t. II, p. 725.

8.

possible de prouver que, pendant l'année entière, tous les jours, probablement à tous les instants, il se fait dans l'air une continuité de décharges électriques. Un observateur placé à l'équateur, s'il était doué d'organes assez sensibles, y entendrait continuellement le bruit du tonnerre. »

La présence de l'acide azotique dans les eaux de chacun des six mois que nous avons analysées ne saurait être un argument contre l'hypothèse que cet acide ait une origine électrique. Avant de se résoudre en nuages, puis en pluie, la vapeur d'eau a parcouru des régions atmosphériques assez diverses pour qu'on puisse admettre que la zone équinoxiale, foyer constant de production d'acide azotique, exerce de l'influence sur les eaux qui tombent en tous lieux.

D'après le tableau des directions des vents de chaque pluie des six derniers mois de 1851, que nous avons donné précédemment, il n'y a pas lieu de s'étonner de ce que nous avons toujours trouvé de l'acide azotique dans les eaux de pluie mensuelles, puisque tous les mois il est tombé de la pluie par les vents du sud et du sud-ouest. Il y aurait à voir, par l'analyse des eaux de pluie de différents climats, et, dans un même lieu, en séparant les pluies suivant la rose des vents, si réellement les contrées méridionales, où les orages sont plus fréquents, fournissent une plus grande quantité d'acide azotique. Peut-être aussi la présence d'une grande ville, présentant un grand nombre de foyers en ignition constante, peut exercer de l'influence sur les matériaux dissous dans les eaux de pluie. Des expériences comparatives peuvent seules résoudre toutes les questions que ce sujet soulève, non-seulement au point de vue agricole ou météorologique pur, mais encore au point de vue de l'hygiène publique.

Les quantités d'acide azotique anhydre ou réel que nous avons trouvées durant le second semestre de 1851 dans les eaux de pluie de chaque mois sont ainsi réparties :

EAUX DE LA TERRASSE.

MOIS.	SUR L'UDOMÈTRE.	PAR HECTARE.	PAR MÈTRE CUBE d'eau de pluie.
	gr.	kil.	gr.
Juillet	0,228	5,026	6,012
Août	0,185	4,078	18,604
Septembre	0,428	9,435	40,996
Octobre	0,139	3,064	6,847
Novembre	0,108	2,381	6,121
Décembre	0,312	6,879	44,763
TOTAUX	1,400	30,863	123,343
MOYENNE			20,557

En admettant qu'il soit possible de passer de six mois seulement à une année, on obtiendra $61^k,726$ pour représenter la quantité d'acide azotique réel versé sur un hectare de terre en un an, à la hauteur de la plate-forme de l'Observatoire de Paris.

Si, au lieu de prendre la moyenne des six doses contenues dans le mètre cube d'eau de chaque mois, nous rapportons toute la quantité d'acide azotique trouvée pour six mois à l'eau totale recueillie, nous obtenons $13^g,563$ pour représenter la quantité d'acide azotique existant dans le mètre cube d'eau moyen.

EAUX DE LA COUR.

MOIS.	SUR L'UDOMÈTRE.	PAR HECTARE.	PAR MÈTRE CUBE d'eau de pluie.
	gr.	kil.	gr.
Août	0,258	5,687	21,811
Septembre	0,378	8,333	31,658
Octobre	0,116	2,557	4,799
Novembre	0,278	6,129	13,800
Décembre	0,228	5,026	27,669
TOTAUX	1,258	27,732	99,797
MOYENNE			19,959

En admettant qu'il soit possible de passer de cinq mois seulement à une année entière, on obtiendra $74^k,071$ pour représenter la quantité d'acide azotique réel versé sur un hectare en un an, à la hauteur de la cour de l'Observatoire de Paris.

Si, au lieu de prendre la moyenne des cinq doses contenues dans le mètre cube d'eau de chaque mois, nous rapportons toute la quantité d'acide azotique trouvée pour cinq mois à l'eau totale recueillie, nous obtenons $16^g,297$ pour représenter la quantité d'acide azotique existant dans le mètre cube d'eau moyen.

Il serait, selon nous, prématuré de chercher à discuter, pour l'acide azotique aussi bien que pour l'ammoniaque, les variations mensuelles que nous avons constatées; nous voulons poursuivre nos expériences durant plusieurs années, afin de faire disparaître toutes les influences accidentelles. Mais, dès à présent, un fait d'une haute importance est démontré : c'est la quantité considérable de l'acide azotique déterminée ci-dessus. Les nombres que nous donnons sont des *minima*, différant peu de la vérité. Ils sont peut-être de nature à ramener l'attention sur le rôle que cet acide joue sans doute dans un grand nombre de phénomènes encore très-obscurs; nous voulons parler de la nitrification.

Tout le monde connaît les expériences faites par Cavendish et décrites dans un mémoire lu, en 1784, à la Société royale de Londres. Cet illustre savant a fait voir que, si l'on ajoute à de l'air atmosphérique assez d'oxygène pour porter sa proportion du 1/5 aux 3/7, qu'on introduise le mélange dans un appareil convenable, et qu'on tire un grand nombre d'étincelles électriques à travers le gaz, on observe à chaque étincelle une très-petite diminution dans le volume des deux gaz. En continuant longtemps l'expérience, on parvient à absorber complétement les deux gaz dans de l'eau de chaux ou une dissolution de potasse, et on obtient de l'azotate de chaux ou de l'azotate de potasse. Cavendish et Lavoisier ont aussi obtenu de l'acide azotique en brûlant de l'hydrogène avec de l'oxygène mélangé d'azote. Plus récemment,

M. Kulhmann[1] a fait voir que l'ammoniaque se transforme en acide azotique au contact de l'oxygène et de l'éponge de platine, à une température de 300 degrés. Des faits bien positifs démontrent donc que l'existence de l'acide azotique dans l'atmosphère n'a rien qui doive étonner.

Mais les quantités d'acide contenues dans l'air ont-elles quelque influence sur la production naturelle des azotates, non pas dans les lieux bas et habités, où des matières animales jouent certainement un rôle, mais dans quelques localités où les efflorescences salpêtrées se rencontrent d'une manière aussi curieuse qu'inexpliquée jusqu'à ce jour. Quand on parcourt la belle collection de mémoires publiés par l'Académie des sciences à l'occasion du concours ouvert en 1775 pour un prix proposé sur la formation du salpêtre[2], on reconnaît que, dans l'opinion de Lavoisier, les matières animales n'auront une action bien nette que dans la formation de l'azotate de potasse, mais que l'azotate de chaux se produit dans des terrains crayeux, à la surface qui est en contact avec l'air, sans qu'il y ait des matières organiques en quantité bien appréciable. Lavoisier dit expressément que « le tuffeau de la Touraine étant une pierre fort poreuse, fort susceptible d'imbiber l'humidité, d'être pénétrée jusqu'à un *certain point par l'air et par les substances gazeuses qu'il charrie,* elle réunit toutes les circonstances favorables *à la formation du salpêtre* terreux. » Dans un mémoire qui suit celui de Lavoisier et Clouet, sur les terres naturellement salpêtrées existantes en France, le duc de la Rochefoucauld, en parlant de la génération du salpêtre dans la craie des environs de la Roche-Guyon, regarde comme très-probable « que l'action seule de l'air suffit pour imprégner la craie d'acide nitreux, et que l'état de division de la craie favorise cette imprégnation ; que l'action de l'air augmente aussi sensiblement la quantité d'acide marin que contenait la craie, et vraisemblablement aussi la quantité d'acide vitriolique : peut-être, pour déterminer

[1] *Expériences chimiques et agronomiques,* p. 19.
[2] *Mémoires des Savants étrangers,* t. XI, 1786.

ces faits avec toute l'exactitude que mérite leur importance, serait-il bon de répéter ces expériences à différentes élévations et d'y joindre des observations sur l'état de l'air ambiant. »

Dans la description que le docteur John Davy donne des nombreuses grottes salpêtrées de l'île de Ceylan, ce savant attribue [1] la production du nitre à la décomposition du feldspath contenu dans une roche calcaire et magnésienne et à l'action de l'oxygène et de l'azote de l'air. Ces derniers se combineraient sous des influences encore inexpliquées et donneraient de l'acide azotique qui se combinerait à son tour avec la potasse, la chaux et la magnésie. Dans les analyses que John Davy donne des roches salpêtrées, il n'y en a qu'une qui indique la présence de matières animales. Aussi Davy réfute-t-il énergiquement l'opinion de ceux qui veulent absolument que la production du nitre soit due à la présence de ces matières. L'humidité et l'action de l'air, tels sont, selon lui, les agents qui produisent du nitre dans un mélange convenable de terres alcalines.

Si les pluies contiennent constamment de l'azotate d'ammoniaque, si les quantités qu'on y rencontre sont plus considérables en de certains lieux, il n'est peut-être pas téméraire de penser que cet azotate d'ammoniaque serait pour quelque chose dans la formation de quelques nitrières. Tous les observateurs sont d'accord sur ce fait, que ce n'est qu'à la surface des terrains contenant des carbonates de potasse, soude, chaux, magnésie, que la présence du nitre se manifeste. L'azotate d'ammoniaque des pluies, en arrivant en contact avec ces carbonates dans des lieux où l'eau ne séjourne pas, mais suffisamment humides, doit donner lieu à une double décomposition d'où résultent des azotates de potasse, soude, chaux, magnésie, et du carbonate d'ammoniaque qui se produit à cause de sa volatilité. Cette réaction est conforme aux lois générales de la chimie; et sans rien affirmer absolument, il est peut-être permis d'incliner à croire qu'il n'y a rien d'impossible à ce qu'elle se produise dans plusieurs nitrières naturelles.

[1] *Travels in Ceylon*, p. 31.

§ IX.

DÉTERMINATION DU CHLORE.

Pour déterminer la quantité de chlore existant dans les eaux de pluie, nous avons pris 500 milligrammes de chacun des résidus salins obtenus comme il a été dit précédemment, et nous les avons dissous dans l'eau pure. Une portion de la matière qui ne s'est pas dissoute a été séparée de la liqueur par la filtration. Cette liqueur a été ensuite acidulée avec de l'acide azotique, et à l'aide d'une dissolution titrée d'azotate d'argent contenant un milligramme d'argent par centimètre cube, nous avons pu arriver, avec une grande précision, à doser le chlore des chlorures de nos eaux de pluie. Nous avons obtenu les résultats suivants :

EAUX DE LA TERRASSE.

MOIS.	SUR L'UDOMÈTRE.	PAR HECTARE.	PAR MÈTRE CUBE d'eau de pluie.
	gr.	kil.	gr.
Juillet	0,147	3,240	3,876
Août	0,029	0,641	2,916
Septembre	0,029	0,641	2,777
Octobre	0,044	0,970	2,167
Novembre	0,043	0,948	2,437
Décembre	" "	" "	" "
Totaux	0,292	6,440	14,173
Moyenne			2,362

En doublant pour passer, par approximation, de six mois à une année entière, on trouverait 12^k,880 de chlore apportés par les pluies sur un hectare.

En rapportant tout le chlore trouvé à toute l'eau recueillie, au lieu de prendre la moyenne des six doses ci-dessus, on obtient 2^g,829 de chlore par mètre cube d'eau moyen.

9

EAUX DE LA COUR.

MOIS.	SUR L'UDOMÈTRE.	PAR HECTARE.	PAR MÈTRE CUBE d'eau de pluie.
	gr.	kil.	gr.
Août............................	0,034	0,749	2,874
Septembre......................	0,024	0,529	2,010
Octobre.........................	0,036	0,793	1,489
Novembre........................	0,057	1,256	2,831
Décembre........................	// //	// //	// //
TOTAUX................	0,151	3,327	9,204
MOYENNE...............................			1,841

En passant par une proportion de cinq mois à une année entière, on trouve le chiffre approximatif de $7^k,985$ pour représenter le chlore apporté par les pluies sur un hectare.

En rapportant tout le chlore trouvé à toute l'eau recueillie, au lieu de prendre la moyenne des cinq doses ci-dessus, on obtient $1^g,956$ de chlore par mètre cube d'eau moyen.

Un fait remarquable s'est présenté dans nos recherches, c'est l'absence du chlore dans les eaux de pluie de décembre, tant de la cour que de la plate-forme de l'Observatoire. Il est peut-être permis d'attribuer cette circonstance au peu d'influence qu'ont eue sur les pluies de ce mois les vents venant de l'ouest.

Il y aurait lieu de rechercher à quel état se trouve le chlore dans les eaux de pluie. On sait toute la difficulté que présente le problème d'attribuer, dans un mélange, à telle ou telle base tel ou tel acide. Cette difficulté est bien plus grande lorsque l'exiguïté des quantités de matières sur lesquelles on peut opérer limite le nombre des expériences. La nécessité de faire avec un soin extrême les recherches que nous avons précédemment décrites sur l'azote, et de répéter plusieurs fois nos analyses sur un point que nous regardions comme capital, nous a d'ailleurs empêché de conserver assez de matière pour que nous pussions doser la soude. Mais, quoiqu'il y ait certainement dans les eaux de pluie une portion de chlore à l'état de chlorure de calcium et de chlorure de magnésium, nous pouvons, par une approximation qu'a faite sur ce point M. Isidore Pierre dans les analyses que nous avons citées précédemment, admettre que tout le chlore était à l'état de chlorure de sodium, afin de rechercher combien au maximum il peut se rencontrer de sel marin dans les eaux de pluie à Paris. Le calcul nous donne les résultats suivants :

EAUX DE LA TERRASSE.

MOIS.	SUR L'UDOMÈTRE.	PAR HECTARE.	PAR MÈTRE CUBE d'eau de pluie.
	gr.	kil.	gr.
Juillet..........................	0,242	5,339	6,387
Août..........................	0,048	1,056	4,806
Septembre........................	0,048	1,056	4,576
Octobre..........................	0,073	1,599	3,571
Novembre......................	0,071	1,562	4,016
Décembre......................	" "	" "	" "
Totaux................	0,482	10,612	23,356
Moyenne.................................			3,726

En doublant pour passer de six mois à une année entière, on trouve le chiffre approximatif de $21^k,224$ pour représenter le sel marin apporté par les pluies sur un hectare à la hauteur de la plate-forme de l'Observatoire de Paris.

En rapportant tout le sel trouvé à toute l'eau recueillie, on obtient $4^g,662$ de sel par mètre cube d'eau moyen.

9.

EAUX DE LA COUR.

MOIS.	SUR L'UDOMÈTRE.	PAR HECTARE.	PAR MÈTRE CUBE d'eau de pluie.
	gr.	kil.	gr.
Août	0,056	1,234	4,736
Septembre.	0,039	0,872	3,313
Octobre.	0,059	1,307	2,454
Novembre	0,094	2,070	4,665
Décembre	" "	" "	" "
TOTAUX . . . . :	0,257	5,483	15,168
MOYENNE			3,036

En passant par une proportion de cinq mois à une année entière, on trouve le chiffre approximatif de $13^k,159$ de sel apporté par les pluies sur un hectare.

En rapportant tout le sel trouvé à toute l'eau recueillie, au lieu de prendre la moyenne des cinq doses ci-dessus, on obtient $3^g,223$ de sel par mètre cube d'eau moyen.

Les deux nombres obtenus par mètre cube d'eau moyen,

Pour la terrasse.	gr. 4,662
Pour la cour.	3,223
Fournissent une moyenne de.	3,942

Ce nombre est très-inférieur à celui de 133 grammes trouvé par Dalton dans les eaux de pluie de Manchester, mais il se rapproche beaucoup de celui de $5^g,768$ obtenu par M. Isidore Pierre pour les eaux de pluie de Caen. L'éloignement de Paris des bords de la mer explique suffisamment la différence que nous trouvons pour que nous n'ayons pas besoin d'insister à cet égard. Le chiffre par nous obtenu devait être nécessairement plus faible que celui constaté beaucoup plus près de l'Océan.

Il y a bien longtemps que l'on a signalé l'influence des pluies sur l'état de salure des rivières et même sur les récoltes. Nous n'en citerons comme exemple que ce qu'en a dit Pline : « Les pluies même font changer le goût des eaux de quelques rivières. Il est arrivé trois fois, au Bosphore, que des pluies salées ont fait mourir les céréales; trois fois aussi les pluies ont répandu sur les champs arrosés par le Nil une amertume qui a causé un désastre en Égypte [1]. »

Mais si de pareils accidents constatés non loin de la mer sont regardés comme naturels par tout le monde, quelques personnes n'accepteront peut-être pas sans contestation la possibilité du transport de particules salines à plus de 160 kilomètres dans l'intérieur des terres. Aussi rappellerons-nous quelques faits de nature à faire évanouir toutes les objections. Dans les Annales de chimie et de physique [2], nous trouvons la note suivante : *Sur la distance à laquelle les ouragans transportent les molécules salines de la mer.* « Le 5 septembre 1821, il s'éleva vers midi, à Newhaven (Amérique), une tempête du sud-est qui alla toujours en augmentant, et acquit, à la tombée de la nuit, une violence extraordinaire. Le lendemain matin, les fenêtres de la ville étaient couvertes de sel, les feuilles des arbres situées du côté du vent tombèrent desséchées en peu d'heures. A Hébron, distant de 30 milles (40 kilomètres environ) de la côte, les feuilles de tous les végétaux, le matin du 4 septembre, étaient salées. On assure même avoir fait cette remarque à Northampton, qui est placé à 60 milles (80 kilomètres) dans les terres. »

Dans le même recueil, nous lisons encore une note ainsi conçue [3] : *Transport de poussières à de grandes distances par le vent.* « Le 19 janvier 1825, dans la nuit, le vaisseau anglais *le Clyde*

---

[1] « Aliqui vero et imbre mutantur amnes. Ter accidit in Bosporo, ut salsi deciderent, necarentque frumenta : toties et Nili rigua pluviæ amara fuere, magna pestilentia Ægypti. » (Lib. XXXI, cap. XXIX.)

[2] 2ᵉ série, t. XX, p. 101 (1822).

[3] T. XXX, p. 430.

faisait route du sud au nord, en face de la partie de la côte d'A-
frique comprise entre la rivière Gámbie et le cap Vert, mais à
une distance de cette côte qui surpassait 200 lieues; le matin,
l'équipage fut fort surpris de trouver que les voiles étaient couvertes d'un sable de couleur brune et composé de parties très-
fines. Le vent avait soufflé avec assez de force, la nuit précédente,
dans les directions comprises entre le N E. et l'E. »

« Le journal auquel nous empruntons ce fait, remarque M. Arago,
qui a inséré cette note dans les Annales, ne dit pas si le sable a
été recueilli et analysé chimiquement. » — M. Arago ajoute ensuite:
« Voici quelques détails relatifs à un phénomène analogue; ils m'ont
été communiqués par M. Schabelski, voyageur russe extrêmement
distingué :

« Lorsque le bâtiment se trouvait par 23 degrés de latitude
nord et 21°,20′ de longitude ouest de Greenwich, nous fûmes
témoins d'un phénomène très-remarquable : le matin du 22 janvier 1822 (nous étions alors à 275 milles nautiques (370 kilom.)
des côtes de l'Afrique), nous aperçûmes que tous les cordages du
navire étaient couverts d'une matière pulvérulente dont la couleur
rougeâtre approchait de celle de l'ocre. Ces cordages, vus au mi-
croscope, offraient de longues files de globules qui semblaient se
toucher. Les seules parties qui avaient été exposées à l'action du
vent du nord-est présentaient ce phénomène; il n'y avait aucune
trace de poussière sur les faces opposées. La poussière en question était très-douce au toucher et colorait la peau en rouge. »

Ainsi le transport de particules salines et de poussières de diverses natures à de grandes distances est un phénomène qui ne
peut être révoqué en doute; et Leuwenhoek, en Hollande, et Fal-
ber, dans le Sussex, avaient fait, dès 1703, de justes remarques
en disant que le vent devait porter au loin les sels de la mer.

Au point de vue de la nutrition des plantes, ce transport a une
grande importance; car les chiffres que nous avons donnés précédemment démontrent que les quantités de chlorure de sodium
ainsi fournies aux récoltes sont loin d'être négligeables. Ces quan-

tités peuvent rendre compte de la soude et du chlore que l'on
trouve dans les récoltes, lors même que l'analyse n'indique pas
dans le sol des traces perceptibles de ces substances. S'il est vrai,
comme semblent l'indiquer les très-curieuses expériences de M. le
prince de Salm-Hortsmar sur la végétation de l'avoine[1], que le
chlore et la soude jouent un rôle déterminant dans la fructifica-
tion, on comprendra toute l'importance que les pluies venues à
propos doivent avoir sous ce rapport en agriculture.

§ X.

DE L'IODE, DE LA POTASSE, DE L'ACIDE SULFURIQUE, DE LA MATIÈRE ORGANIQUE
DES EAUX DE PLUIE.

La présence de l'iode signalée dans les eaux de pluie par
MM. Chatin et Marchand, comme nous l'avons dit plus haut, a
attiré notre attention. Nous avons constaté que ce corps s'échap-
pait dans la distillation de l'eau de pluie avec l'acide sulfurique,
qu'on en retrouvait des traces en distillant de nouveau les eaux
avec du carbonate de potasse. Mais tous les procédés connus jusqu'à présent ne nous ont pas rendu les quantités que nous intro-
duisions directement dans les eaux avec une exactitude qui per-
mette de comparer les résultats obtenus. Il nous a été démontré
qu'on ne peut pas répondre d'une fraction de milligramme d'iode
dans les eaux d'un mois, et la quantité qui y existe ne paraît pas
même s'élever à ce chiffre.

La recherche de la potasse, dont l'existence dans les eaux de
pluie a été indiquée par les uns, mais aussi a été contestée par
les autres, ne nous a pas paru pouvoir être entreprise par nos
procédés analytiques. Le verre des vases récipients et des cor-
nues de distillation cède des quantités de cet alcali tout à fait
comparables à celles que l'on retrouve par l'analyse. Dans de pareilles conditions, alors que nous ne pouvions monter des appareils complétement en platine ou en autre métal suffisamment inat-
taquable, nous n'avons pas cru devoir consacrer à une recherche

[1] *Annales de chimie et de physique*, 3ᵉ série, t. XXXII, p. 461.

qui a toujours laissé des doutes une portion de la petite quantité de matière que nous pouvions soumettre à nos opérations analytiques.

Quant à l'acide sulfurique, nous n'avons pas essayé non plus de le doser. Il nous eût fallu distraire dans ce but une portion des eaux qui nous étaient livrées, et diminuer la probabilité du succès de nos investigations sur des substances plus importantes à connaître dans l'état actuel de la science. Dans les années qui vont suivre, et pour lesquelles nous avons l'intention de continuer notre travail, nous serons en mesure de combler cette lacune.

Nous n'avons pas essayé de doser la matière organique contenue dans les eaux de pluie, matière signalée par Zimmermann et Brandes, comme nous l'avons dit dans l'historique qui est à la tête de ce mémoire. Cette matière est complexe; Brandes la regardait comme formée de mucus, de résine et d'une matière végéto-animale. Nous avons pensé que nous devions d'abord chercher à l'isoler et à en étudier les propriétés, avant d'essayer des dosages, qui laisseraient trop à désirer.

§ XI.

DÉTERMINATION DE LA CHAUX.

Tous les résidus salins que nous avons obtenus contenaient de la chaux en quantités notables. Pour doser cette base, nous avons précipité par du chlorure de sodium les traces d'argent existant dans les liqueurs qui nous avaient servi à doser le chlore; nous avons ensuite ajouté aux liqueurs filtrées du chlorhydrate d'ammoniaque, de l'ammoniaque et enfin de l'oxalate d'ammoniaque. Ce dernier sel a produit des précipités qui ont été recueillis sur des filtres, puis ces filtres ont été incinérés, et la chaux a été pesée à l'état de carbonate. Nous sommes arrivé aux résultats suivants :

EAUX DE LA TERRASSE.

MOIS.	CHAUX DE L'EAU de l'udomètre.	CHAUX PAR HECTARE.	CHAUX PAR MÈTRE CUBE d'eau de pluie.
	gr.	kil.	gr.
Juillet......................	0,342	7,539	9,019
Août........................	0,071	1,565	7,139
Septembre..................	0 041	0,903	3,927
Octobre....................	0,066	1,454	3,251
Novembre..................	0,069	1,521	3,910
Décembre..................	0,062	1,367	8,898
TOTAUX..............	0,651	14,349	36,144
MOYENNE............................			6,024

En doublant pour passer de six mois à une année entière, on trouve 28^k,698 pour représenter la quantité de chaux apportée par les pluies sur un hectare de terrain.

En rapportant toute la chaux trouvée à toute l'eau recueillie, on obtient 6^g,307 par mètre cube d'eau moyen.

EAUX DE LA COUR.

MOIS.	CHAUX DE L'EAU de l'udomètre.	CHAUX PAR HECTARE.	CHAUX PAR MÈTRE CUBE d'eau de pluie.
	gr.	l.	gr.
Août........................	0,121	2,667	10,228
Septembre..................	0,124	2,732	10,385
Octobre....................	0,039	0,859	1,613
Novembre..................	0,093	2,050	4,620
Décembre..................	0,048	1,082	5,825
TOTAUX..............	0,425	9,390	32,671
MOYENNE............................			6,534

10

En passant, par une proportion, de cinq mois à une année entière, on trouve $22^k,536$ de chaux apportée par les pluies sur un hectare de terrain.

En rapportant toute la chaux trouvée à toute l'eau recueillie, on obtient $5^g,506$ par mètre cube d'eau moyen.

La moyenne des deux déterminations de la chaux des eaux de la plate-forme et de la cour de l'Observatoire donne $5^g,906$. Ce nombre est plus considérable que celui de $2^g,6$ trouvé par M. Isidore Pierre pour les eaux de pluie recueillies à Caen en mars 1851. Faut-il attribuer la différence obtenue à la différence des époques, ou bien le bassin calcaire au centre duquel se trouve Paris exerce-t-il une influence sur le phénomène? La suite de nos recherches pourra seule résoudre cette question, que nous ne faisons que poser aujourd'hui.

§ XII.

DÉTERMINATION DE LA MAGNÉSIE.

Les liqueurs qui ont fourni la chaux ont été évaporées jusqu'à siccité; alors on leur a ajouté un peu de carbonate de soude, et l'on a chauffé le résidu salin au rouge sombre. En prenant la matière saline par l'eau, on a eu un dépôt de magnésie, qui a été recueilli sur un filtre; le filtre a été incinéré, et la magnésie a été dosée à l'état de carbonate. Les opérations ont fourni les résultats suivants, rapportés au poids total de chacun de nos résidus salins :

MOIS.	EAUX DE LA TERRASSE.	EAUX DE LA COUR.
	gr.	gr.
Juillet	0,016	» »
Août	0,013	0,013
Septembre	0,009	0,011
Octobre	0,009	0,012
Novembre	0,017	0,015
Décembre	0,008	0,009
Totaux	0,072	0,060

Mais la matière insoluble dans l'eau que nous avons obtenu,
comme nous l'avons dit précédemment en parlant de la détermination du chlore, se trouvait composée de matière organique,
d'un peu de carbonate de zinc, d'un peu de phosphate ammo-
niaco-magnésien, et de phosphates de fer et de cuivre. Chacun
des filtres qui avaient recueilli les matières insolubles ayant été
incinéré, nous avons obtenu, en effet, les cendres du filtre réduites, des résidus pesant les poids suivants :

MOIS.	EAUX DE LA TERRASSE.	EAUX DE LA COUR.
	gr.	gr.
Juillet.	0,015	″ ″
Août	0,020	0,026
Septembre	0,022	0,017
Octobre	0,036	0,053
Novembre	0,018	0,028
Décembre	0,009	0,008
TOTAUX	0,120	0,132
TOTAL GÉNÉRAL	0,252 (gr.)	

Or, une quantité égale à $0^g,097$ de l'ensemble de tous ces résidus mélangés ayant été traitée par l'acide azotique, puis par
l'ammoniaque et le succinate d'ammoniaque, a fourni une belle
coloration bleue à cause du cuivre, puis un précipité de succinate
de fer. On a alors ajouté un peu de sulfhydrate d'ammoniaque
pour précipiter le zinc et le cuivre. Après la filtration, la liqueur,
évaporée avec du carbonate de soude, a fourni un poids de $0^g,027$
de carbonate de magnésie, correspondant à $0^g,013$ de magnésie,
soit pour la totalité $0^g,252$, une quantité de magnésie égale à
$0^g,033$. Cette quantité de magnésie existant dans $5^g,500$ des résidus salins, et ceux-ci pesant en tout $41^g,081$, on voit qu'en
totalité nous retrouvons ainsi $0^g,246$ de magnésie que nous par-

tageons dans le rapport de 6 à 5, de manière à reporter $0^g,134$ sur la terrasse et $0^g,113$ sur la cour. Nous avons alors pour la magnésie :

		Par hectare.	Par mètre cube.
Terrasse (6 mois).	$0^g,206$	$4^k,541$	$2^g,000$
Cour (5 mois)....	$0,173$	$3,813$	$2,240$

La présence du fer, du cuivre et du zinc n'a rien qui doive surprendre, et il est impossible d'en tirer aucune conséquence, puisque les cuvettes des udomètres de l'Observatoire sont en fer, et les tuyaux de déversement ainsi que les réservoirs, en cuivre. Quant à la présence de l'acide phosphorique, elle n'a pas encore été signalée dans l'eau de pluie; comme nous n'avions plus assez de matière pour faire quantativement un dosage très-délicat, nous nous sommes contenté de constater la présence de ce corps, sauf à prendre à l'avenir des mesures pour le déterminer.

§ XIII.

CONCLUSIONS.

Les recherches qui sont détaillées dans ce mémoire ne résolvent pas encore toutes les questions que l'on peut poser sur la composition des matières contenues dans les eaux de pluie d'un même lieu. En les continuant, on verra comment ces matières se modifient avec les saisons et avec les vents régnants. Ainsi, on pourra déterminer une partie du rôle que les pluies doivent jouer dans les phénomènes géologiques qui se passent dans l'écorce de notre globe. La comparaison des résultats obtenus à Paris avec ceux que donneront des expériences faites en d'autres localités, mettra sur la voie de l'explication de beaucoup de faits obscurs.

L'atmosphère peut être considérée comme un vaste laboratoire encore inexploré. L'analyse des eaux de pluie est un moyen de se rendre compte d'une partie des phénomènes qui s'y produisent et qui doivent exercer une si grande influence sur la vie de tous les êtres végétaux ou animaux qui peuplent la surface de la terre.

En attendant de nouvelles expériences, un fait nous semble bien constaté, c'est la présence dans les eaux de pluie de grandes quantités d'azote, tant à l'état d'ammoniaque qu'à l'état d'acide azotique. Cet azote, rapporté par les pluies sur le sol de nos champs cultivés, rend compte d'un grand nombre de faits agricoles de la plus haute importance. La jachère devient une pratique rationnelle. Le moins d'importance des engrais dans les contrées méridionales s'explique parfaitement, et peut-être certains cas de nitrification naturelle cessent de rester relégués parmi les phénomènes dont l'obscurité n'est pas diminuée quand on les attribue à une *force catalytique.*

Mais il est nécessaire que notre travail soit continué pour lever tous les doutes; nous tâcherons de ne pas rester au-dessous de l'engagement que nous contractons de le poursuivre, et de perfectionner nos méthodes d'investigation, en demandant à l'Académie de vouloir bien juger ce mémoire comme un premier essai sur une matière très-délicate.

FIN DU PREMIER MÉMOIRE.

TABLE DES MATIÈRES DU PREMIER MÉMOIRE.

www.ingramcontent.com/pod-product-compliance
Ingram Content Group UK Ltd.
Pitfield, Milton Keynes, MK11 3LW, UK
UKHW020328130726
13696UKWH00003B/1212

9 782014 044140